Introdução à
ÁLGEBRA LINEAR

Introdução à
ÁLGEBRA LINEAR

STEINBRUCH, Alfredo
Professor de Matemática da Universidade Federal do Rio Grande do Sul
(de 1953 a 1980) e da Pontifícia Universidade Católica do
Rio Grande do Sul (de 1969 a 1978)

WINTERLE, Paulo
Professor de Matemática da Universidade Federal do Rio Grande do Sul e da
Pontifícia Universidade Católica do Rio Grande do Sul

© 1990 Pearson Education do Brasil Ltda.
Todos os direitos reservados. Nenhuma parte desta publicação poderá ser reproduzida ou transmitida de qualquer modo ou por qualquer outro meio, eletrônico ou mecânico, incluindo fotocópia, gravação ou qualquer outro tipo de sistema de armazenamento e transmissão de informação, sem prévia autorização, por escrito, da Pearson Education do Brasil.

Impressão: São Paulo – SP

Dados Internacionais de Catalogação na Publicação (CIP)
(Câmara Brasileira do Livro, SP, Brasil)

Steinbruch, Alfredo.
  Introdução à álgebra linear/Steinbruch, Alfredo ; Winterle, Paulo
São Paulo : Pearson Education do Brasil, 1997.

  1. Álgebra linear I. Winterle, Paulo. II. Título

90-0474   CDD-512.5

Índice para catálogo sistemático

1. Álgebra linear   512.5

Direitos exclusivos cedidos à
Pearson Education do Brasil Ltda.,
uma empresa do grupo Pearson Education
Av. Francisco Matarazzo, 1400,
7º andar, Edifício Milano
CEP 05033-070 - São Paulo - SP - Brasil
Fone: 19 3743-2155
pearsonuniversidades@pearson.com

Distribuição
Grupo A Educação
www.grupoa.com.br
Fone: 0800 703 3444

SUMÁRIO

PREFÁCIO VII

Capítulo 1 — ESPAÇOS VETORIAIS

Espaço vetorial real 1
Propriedades dos espaços vetoriais 6
Subespaços vetoriais 7
Combinação linear de vetores 12
Subespaço vetorial gerado 16
Espaços vetoriais finitamente gerados 20
Dependência e independência linear 21
Base e dimensão 27
Componentes de um vetor 34
Mudança de base 35
Problemas

Capítulo 2 — ESPAÇOS VETORIAIS EUCLIDIANOS

Produto interno em espaços vetoriais 47
Espaço vetorial euclidiano 50
Módulo de um vetor 51
Ângulo de dois vetores 55
Distância entre dois vetores 58
Vetores ortogonais 59
Conjunto ortogonal de vetores 59
Base ortogonal 61
Problemas

Capítulo 3 – TRANSFORMAÇÕES LINEARES

- Funções vetoriais 75
- Transformações lineares 76
- Núcleo de uma transformação linear 86
- Imagem de uma transformação linear 88
- Propriedades do núcleo e da imagem 90
- Matriz de uma transformação linear 94
- Operações com transformações lineares 101
- Transformações lineares planas 105
- Problemas

Capítulo 4 – OPERADORES LINEARES

- Operadores lineares 134
- Operadores inversíveis 135
- Matrizes semelhantes 138
- Operador ortogonal 143
- Operador simétrico 150
- Problemas

Capítulo 5 – VETORES PRÓPRIOS E VALORES PRÓPRIOS

- Vetor próprio e valor próprio de um operador linear 158
- Determinação dos valores próprios e dos vetores próprios 162
- Propriedades dos valores próprios e dos vetores próprios 169
- Diagonalização de operadores 171
- Diagonalização de matrizes simétricas – Propriedades 177
- Problemas

Capítulo 6 – SIMPLIFICAÇÃO DA EQUAÇÃO GERAL DAS CÔNICAS

- Cônicas 188
- Simplificação da equação geral das cônicas 188
- Classificação das cônicas 193
- Problemas

APÊNDICE   MATRIZES, DETERMINANTES E SISTEMAS DE EQUAÇÕES LINEARES 207

PREFÁCIO

No início do ano letivo de 1987 a Editora McGraw-Hill publicou o livro ÁLGEBRA LINEAR, de nossa autoria, e desde então temos sido honrados com excelente aceitação por parte de professores e estudantes.

Atendendo solicitação de professores de várias Escolas e Faculdades cujos currículos de ÁLGEBRA LINEAR não dispõem da carga horária necessária para ministrar um curso bem abrangente dessa disciplina, escrevemos esta INTRODUÇÃO À ÁLGEBRA LINEAR que está sendo publicada pela mesma Editora. Este livro, dispensando pequenos detalhes, minúcias e alguns problemas, não sendo tão amplo como o de ÁLGEBRA LINEAR, dispõe, entretanto, dos conteúdos mínimos indispensáveis para o pleno conhecimento dos princípios fundamentais da Álgebra Linear.

Ficaremos compensados do nosso trabalho se este livro puder contribuir, de uma forma ou de outra, com professores e estudantes, no aperfeiçoamento do processo de ensino-aprendizagem e, em conseqüência, na melhoria do ensino superior.

Críticas, sugestões e informações sobre eventuais erros, enganos ou omissões serão bem recebidas no endereço dos autores*.

ALFREDO STEINBRUCH

PAULO WINTERLE

O APÊNDICE do livro, de minha exclusiva responsabilidade, não é um curso completo sobre álgebra das matrizes: trata somente dos itens necessários à compreensão dos assuntos e à solução dos problemas abordados nesta INTRODUÇÃO À ÁLGEBRA LINEAR.

Os conteúdos do APÊNDICE foram extraídos do livro MATRIZES DETERMINANTES e SISTEMAS DE EQUAÇÕES LINEARES, de minha autoria, publicado em junho de 1989 pela Editora McGraw-Hill.

ALFREDO STEINBRUCH

* Rua Vieira de Castro, 275/ 601
  90.040 – Porto Alegre – RS – BR

Capítulo 1

ESPAÇOS VETORIAIS

1.1 – ESPAÇO VETORIAL REAL

Seja um conjunto V, não vazio, sobre o qual estão definidas as operações de *adição e multiplicação por escalar,* isto é:

$\forall\ \mu, v \in V,\ \mu + v \in V$

$\forall\ \alpha \in \mathbb{R},\ \forall\ \mu \in V,\ \alpha\mu \in V$

O conjunto V com estas duas operações é chamado *espaço vetorial real* se forem verificados os seguintes axiomas:

A) Em relação à adição:

A_1) $(\mu + v) + \omega = \mu + (v + \omega),\ \forall\ \mu, v, \omega \in V$

A_2) $\mu + v = v + \mu,\ \forall\ \mu, v \in V$

A_3) $\exists\ 0 \in V,\ \forall\ \mu \in V,\ \mu + 0 = \mu$

A_4) $\forall\ \mu \in V, \exists\ (-\mu) \in V,\ \mu + (-\mu) = 0$

M) Em relação à multiplicação por escalar:

M_1) $(\alpha\beta)\mu = \alpha(\beta\mu)$

M_2) $(\alpha + \beta) \mu = \alpha \mu + \beta \mu$

M_3) $\alpha (\mu + v) = \alpha \mu + \alpha v$

M_4) $1\mu = \mu$,

para $\forall \mu, v \in V$ e $\forall \alpha, \beta \in \mathbb{R}$

- Os elementos $\mu, v, \omega, ...,$ de um espaço vetorial V são denominados *vetores*.

- Se a definição de espaço vetorial considerasse como escalares o conjunto C dos números complexos, V seria um *espaço vetorial complexo*. Entretanto, nesta INTRODUÇÃO À ÁLGEBRA LINEAR serão considerados somente espaços vetoriais reais.

- Por ter sido dada a definição de forma genérica, para um espaço vetorial V qualquer, ela serve para conjuntos diversos, tais como (o que se verá a seguir) o $\mathbb{R}^2$, o $\mathbb{R}^3$, o conjunto das matrizes $M_{(m, n)}$, etc. Assim, conforme seja o espaço vetorial considerado, os vetores terão a natureza dos elementos desse espaço e os conjuntos correspondentes terão a mesma "estrutura" em relação às operações de adição e multiplicação por escalar.

- Embora sejam dados exemplos de vários espaços vetoriais, serão examinados, de preferência, aqueles cujas aplicações se referem à Geometria Analítica.

Exemplos

1) O conjunto $V = \mathbb{R}^2 = \{(x, y) / x, y \in \mathbb{R}\}$ é um espaço vetorial com as operações de adição e multiplicação por um número real assim definidas:

$(x_1, y_1) + (x_2, y_2) = (x_1 + x_2, y_1 + y_2)$

$\alpha (x, y) = (\alpha x, \alpha y)$

Essas operações são denominadas *operações usuais*.

Para verificar os oito axiomas de espaço vetorial, sejam $\mu = (x_1, y_1)$, $v = (x_2, y_2)$ e $\omega = (x_3, y_3)$.

A_1) $(\mu + v) + \omega = ((x_1, y_1) + (x_2, y_2)) + (x_3, y_3)$
$= ((x_1 + x_2, y_1 + y_2)) + (x_3, y_3)$
$= ((x_1 + x_2) + x_3, (y_1 + y_2) + y_3)$
$= (x_1 + (x_2 + x_3), y_1 + (y_2 + y_3))$
$= (x_1, y_1) + (x_2 + x_3, y_2 + y_3)$
$= (x_1, y_1) + ((x_2, y_2) + (x_3, y_3))$
$= \mu + (v + \omega)$

A_2) $\mu + v = (x_1, y_1) + (x_2, y_2)$
$= (x_1 + x_2, y_1 + y_2)$
$= (x_2 + x_1, y_2 + y_1)$
$= (x_2, y_2) + (x_1, y_1)$
$= v + \mu$

A_3) $\exists\, 0 = (0, 0) \in \mathbb{R}^2, \forall \mu \in \mathbb{R}^2, \mu + 0 = (x_1, y_1) + (0, 0)$
$= (x_1 + 0, y_1 + 0)$
$= (x_1, y_1)$
$= \mu$

A_4) $\forall \mu = (x_1, y_1) \in \mathbb{R}^2, \exists\, (-\mu) = (-x_1, -y_1) \in \mathbb{R}^2,$
$\mu + (-\mu) = (x_1, y_1) + (-x_1, -y_1)$
$= (x_1 - x_1, y_1 - y_1)$
$= (0, 0) = 0$

M_1) $(\alpha\beta)\mu = (\alpha\beta)(x_1, y_1)$
$= ((\alpha\beta)x_1, (\alpha\beta)y_1)$
$= (\alpha(\beta x_1), \alpha(\beta y_1))$
$= \alpha(\beta x_1, \beta y_1)$
$= \alpha(\beta(x_1, y_1))$
$= \alpha(\beta\mu)$

M_2) $(\alpha+\beta)\mu = (\alpha+\beta)(x_1, y_1)$
$= ((\alpha+\beta)x_1, (\alpha+\beta)y_1)$
$= (\alpha x_1 + \beta x_1, \alpha y_1 + \beta y_1)$
$= (\alpha x_1, \alpha y_1) + (\beta x_1, \beta y_1)$
$= \alpha(x_1, y_1) + \beta(x_1, y_1)$
$= \alpha\mu + \beta\mu$

M_3) $\alpha(\mu+v) = \alpha((x_1, y_1) + (x_2, y_2))$
$= \alpha(x_1 + x_2, y_1 + y_2)$
$= (\alpha(x_1 + x_2), \alpha(y_1 + y_2))$
$= (\alpha x_1 + \alpha x_2, \alpha y_1 + \alpha y_2)$
$= (\alpha x_1, \alpha y_1) + (\alpha x_2, \alpha y_2)$
$= \alpha(x_1, y_1) + \alpha(x_2, y_2)$
$= \alpha\mu + \alpha v$

M_4) $1\mu = 1(x_1, y_1)$
$= (1 x_1, 1 y_1)$
$= (x_1, y_1)$
$= \mu$

2) Assim como um par ordenado (x_1, x_2) de números reais representa um ponto ou um vetor no $\mathbb{R}^2$, e uma terna ordenada (x_1, x_2, x_3) de números reais representa um ponto ou um vetor no $\mathbb{R}^3$, como se sabe da Geometria Analítica*, pode-se dizer, estendendo a idéia, embora sem representação geométrica, que uma quádrupla ordenada de números reais (x_1, x_2, x_3, x_4) é um ponto ou um vetor do $\mathbb{R}^4$ e que uma n-upla ordenada de números reais $(x_1, x_2, x_3, ..., x_n)$ é um ponto ou um vetor do $\mathbb{R}^n$. Analogamente, os conjuntos $\mathbb{R}^3$, $\mathbb{R}^4$, ..., $\mathbb{R}^n$ são também espaços vetoriais com as *operações usuais* de adição e multiplicação por escalar. A verificação dos oito axiomas para esses conjuntos é análoga à do $\mathbb{R}^2$.

3) O conjunto $\mathbb{R}$, em relação às operações usuais de adição e de multiplicação por escalar é um espaço vetorial. De fato, sabe-se que a adição de números reais satisfaz os axiomas A_1, A_2, A_3 e A_4 e que, na multiplicação, se verificam os axiomas M_1, M_2, M_3 e M_4.

4) O conjunto das matrizes $M_{(m, n)}$ com as operações de adição e multiplicação por escalar, definidas nos itens A.8 e A.9 do APÊNDICE, é um espaço vetorial. Em particular, o conjunto das matrizes quadradas M_n é um espaço vetorial em relação às mesmas operações.

5) O conjunto $\mathbb{R}^2 = \{(a, b) / a, b \in \mathbb{R}\}$ *não* é um espaço vetorial em relação às operações assim definidas:

$(a, b) + (c, d) = (a + c, b + d)$
$k(a, b) = (ka, b), \quad k \in \mathbb{R}$

Como a adição aqui definida é a usual, verificam-se os axiomas A_1, A_2, A_3 e A_4 de espaço vetorial, conforme se viu no Exemplo 1. Logo, não devem se verificar alguns (ou algum) dos axiomas relativos à multiplicação.

---
* Ver *Geometria Analítica*. Alfredo Steinbruch e Paulo Winterle, Editora McGraw-Hill.

Sejam $\mu = (x_1, y_1)$, $v = (x_2, y_2)$ e $\alpha, \beta \in \mathbb{R}$

$M_1)$ $(\alpha \beta) \mu = (\alpha \beta)(x_1, y_1)$
$= ((\alpha \beta) x_1, y_1)$
$= (\alpha (\beta x_1), y_1)$
$= \alpha (\beta x_1, y_1)$
$= \alpha (\beta (x_1, y_1))$
$= \alpha (\beta \mu)$

(Este axioma se verifica)

$M_2)$ $(\alpha + \beta) \mu = (\alpha + \beta)(x_1, y_1)$
$= ((\alpha + \beta) x_1, y_1)$
$= (\alpha x_1 + \beta x_1, y_1)$
$\neq \alpha (x_1, y_1) + \beta (x_1, y_1)$
$= (\alpha x_1, y_1) + (\beta x_1, y_1)$
$= (\alpha x_1 + \beta x_1, 2 y_1)$

Como se vê, $(\alpha + \beta) \mu \neq \alpha \mu + \beta \mu$ e, portanto, não se verificando, no mínimo, o axioma M_2, o conjunto de que trata este Exemplo *não* é um espaço vetorial.

1.2 – PROPRIEDADES DOS ESPAÇOS VETORIAIS

Da definição de espaço vetorial V, decorrem as seguintes propriedades:

I) Existe um único vetor nulo em V (elemento neutro da adição).

II) Cada vetor $\mu \in V$ admite apenas um simétrico $(-\mu) \in V$.

III) Para quaisquer $\mu, v, \omega \in V$, se $\mu + \omega = v + \omega$, então $\mu = v$.

IV) Qualquer que seja $v \in V$, tem-se: $-(-v) = v$, isto é, o oposto de $-v$ é v.

V) Quaisquer que sejam $\mu, v \in V$, existe um e somente um x, tal que $\mu + x = v$

VI) Qualquer que seja $v \in V$, $0v = 0$. O primeiro 0 é o número real zero e o segundo é o vetor zero.

VII) Qualquer que seja $\lambda \in \mathbb{R}, \lambda 0 = 0$.

VIII) $\lambda v = 0$, implica $\lambda = 0$ ou $v = 0$.

IX) Qualquer que seja $v \in V$, $(-1) v = -v$.

X) Quaisquer que sejam $v \in V$ e $\lambda \in \mathbb{R}$, $(-\lambda) v = \lambda (-v) = -(\lambda v)$.

1.3 — SUBESPAÇOS VETORIAIS

Sejam V um espaço vetorial e S um subconjunto não-vazio de V. O subconjunto S é um *subespaço vetorial* de V se S é um espaço vetorial em relação à adição e à multiplicação por escalar definidas em V.

A definição parece indicar que, para um subconjunto S ser subespaço vetorial de V, se deveria fazer a verificação, em S, dos oito axiomas de espaço vetorial relativos à adição e à multiplicação por escalar. Entretanto, como S é parte de V (que é espaço vetorial), não é necessária essa verificação. Para citar só um exemplo, o axioma $A_2 (\mu + v = v + \mu)$ não precisa ser examinado porque se a comutatividade da adição é válida para todos vetores de V, ela valerá para todos vetores de S. A seguir, as condições para um subconjunto S ser subespaço vetorial de V.

• Um subconjunto S, *não-vazio*, de um espaço vetorial V, é um subespaço vetorial de V se forem satisfeitas as seguintes condições:

I) Para quaisquer $\mu, v \in S, \mu + v \in S$.

II) Para quaisquer $\alpha \in \mathbb{R}, \mu \in S, \alpha \mu \in S$.

De fato: se μ é um vetor qualquer de S, pela condição II, $\alpha\mu \in$ S para todo $\alpha \in \mathbb{R}$. Fazendo $\alpha = 0$, vem $0\mu \in$ S, ou seja, $0 \in$ S (axioma A_3); fazendo $\alpha = -1$, tem-se $(-1)\mu = -\mu \in$ S (axioma A_4). Os outros axiomas A_1, M_1, M_2, M_3 e M_4 de espaço vetorial são verificados em S por ser S um subconjunto não-vazio de V.

- Todo espaço vetorial V ≠ {0} admite, pelo menos, dois subespaços: o conjunto {0}, chamado *subespaço zero* ou *subespaço nulo* e o próprio espaço vetorial V. Esses dois são os *subespaços triviais* de V. Os demais são denominados *subespaços próprios* de V.

- Os subespaços triviais do $\mathbb{R}^2$, por exemplo, são $\{(0,0)\}$ e $\mathbb{R}^2$, enquanto os subespaços próprios são as retas que passam pela origem do sistema de referência. De modo análogo, os subespaços triviais do $\mathbb{R}^3$ são $\{(0, 0, 0)\}$ e o $\mathbb{R}^3$; os subespaços próprios do $\mathbb{R}^3$ são as retas e os planos que passam pela origem do sistema de referência.

Exemplos

1) Sejam $V = \mathbb{R}^2$ e $S = \{(x, y)\} \in \mathbb{R}^2 / y = 2x\}$ ou $S = \{(x, 2x); x \in \mathbb{R}\}$, isto é, S é o conjunto dos vetores do plano que têm a segunda componente igual ao dobro da primeira. Observe-se que $S \neq \emptyset$, pois $(0, 0) \in S$. (Daqui por diante, fica dispensada a necessidade de verificar se o conjunto é não-vazio porque *os exemplos tratarão somente de conjuntos não-vazios*.) Se S é subespaço vetorial de $V = \mathbb{R}^2$, S deve satisfazer às condições I e II. Para $\mu = (x_1, 2x_1) \in$ S e $v = (x_2, 2x_2) \in$ S, tem-se:

I) $\mu + v = (x_1 + x_2, 2x_1 + 2x_2) = (x_1 + x_2, 2(x_1 + x_2)) \in$ S pois a segunda componente de $\mu + v$ é igual ao dobro da primeira.

II) $\alpha\mu = \alpha(x_1, 2x_1) = (\alpha x_1, 2\alpha x_1) \in$ S pois a segunda componente de $\alpha\mu$ é igual ao dobro da primeira.

Portanto, S é um subespaço vetorial do $\mathbb{R}^2$. Esse subespaço S representa geometricamente uma reta que passa pela origem do sistema de referência (Fig. 1.3).

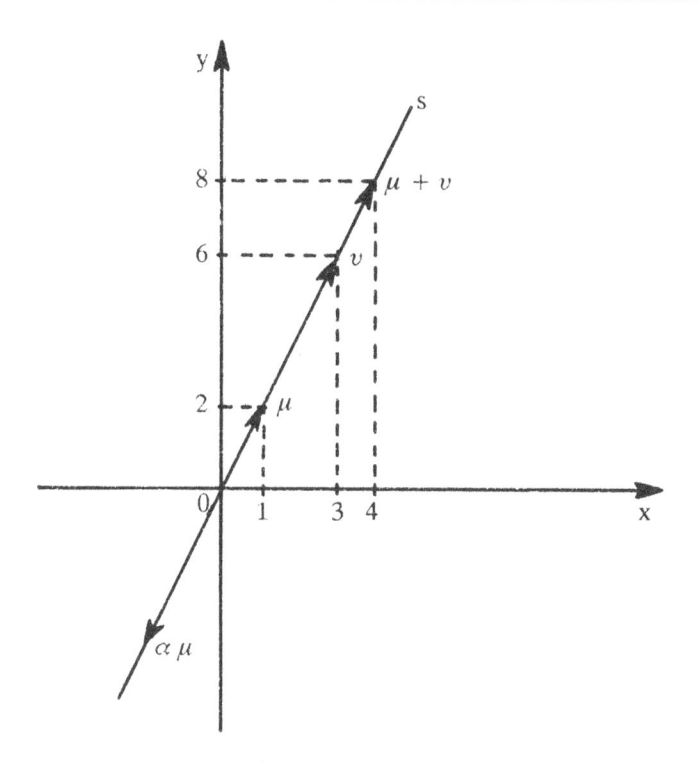

Figura 1.3

Observe-se que ao escolher dois vetores μ e v da reta y = 2x, o vetor $\mu + v$ pertence à reta e, se se multiplicar um vetor μ da reta por α, o vetor $\alpha\mu$ também estará na reta. Se a reta dada S não passar pela origem, S não é um subespaço vetorial do $\mathbb{R}^2$. Assim, para a reta

$S = \{(x, y) \in \mathbb{R}^2 / y = 4 - 2x\}$ ou $S = \{(x, 4 - 2x); x \in \mathbb{R}\}$ e os vetores $\mu = (1, 2)$ e $v = (2, 0)$ de S, verifica-se que $\mu + v = (3, 2) \notin S$.

• Os exemplos destas duas retas sugerem, para qualquer subconjunto S de um espaço vetorial V, que sempre que $0 \notin S$, S *não é subespaço* de V. Esse fato é sempre útil para detectar, muitas vezes de imediato, que um subconjunto S não é subespaço vetorial. No entanto, não se pense que só pelo fato de $0 \in S$, o subconjunto S seja subespaço vetorial. É o caso do subconjunto $S = \{(x, |x|); x \in \mathbb{R}\} \subset \mathbb{R}^2$.

Observe-se que, nesse subconjunto, $(0, 0) \in S$ e que para os vetores $\mu = (3, 3)$ e $v = (-2, 2)$ de S, $\mu + v = (1, 5) \notin S$, o que mostra não ser S subespaço vetorial do $\mathbb{R}^2$.

2) Sejam $V = \mathbb{R}^3$ e $S = \{(x, y, 0); x, y \in \mathbb{R}\}$, isto é, S é o conjunto dos vetores do $\mathbb{R}^3$ que têm a terceira componente nula.

Para $\mu = (x_1, y_1, 0)$ e $v = (x_2, y_2, 0)$, tem-se:

I) $\mu + v = (x_1 + x_2, y_1 + y_2, 0) \in S$, pois a terceira componente de $\mu + v$ é nula.

II) $\alpha\mu = \alpha(x_1, y_1, 0) = (\alpha x_1, \alpha y_1, 0) \in S$, pois a terceira componente de $\alpha\mu$ é nula.

Logo, S é um subespaço vetorial do $\mathbb{R}^3$.

3) Sejam $V = \mathbb{R}^3$ e $S = \{(x, y, z) \in \mathbb{R}^3 / 2x + 3y - 4z = 0\}$. Nesse caso:

$\mu = (x_1, y_1, z_1) \in S$ implica $2x_1 + 3y_1 - 4z_1 = 0$

$v = (x_2, y_2, z_2) \in S$ implica $2x_2 + 3y_2 - 4z_2 = 0$

I) Somando, membro a membro, as duas igualdades, vem:

$2(x_1 + x_2) + 3(y_1 + y_2) - 4(z_1 + z_2) = 0$

Essa igualdade mostra que:

$\mu + v = (x_1 + x_2, y_1 + y_2, z_1 + z_2) \in S$,

pois as coordenadas de $\mu + v$ satisfazem a equação $2x + 3y - 4z = 0$.

II) Por outra parte,

$\alpha\mu = (\alpha x_1, \alpha y_1, \alpha z_1) \in S$,

pois, se

$2x_1 + 3y_1 - 4z_1 = 0$, então

$\alpha(2x_1 + 3y_1 - 4z_1) = 0$

ou

$2(\alpha x_1) + 3(\alpha y_1) - 4(\alpha z_1) = 0$,

o que demonstra que as componentes de $\alpha\mu$ satisfazem a equação $2x + 3y - 4z = 0$. Logo, S é um subespaço vetorial do $\mathbb{R}^3$. Esse subespaço S representa um plano passando pela origem do sistema de referência.

4) Sejam $V = M_{(3,\ 1)}$ e S o conjunto-solução do sistema linear homogêneo:

$$\begin{cases} 3x + 4y - 2z = 0 \\ 2x + y - z = 0 \\ x + 3y - z = 0 \end{cases}$$

Fazendo:

$$A = \begin{bmatrix} 3 & 4 & -2 \\ 2 & 1 & -1 \\ 1 & 3 & -1 \end{bmatrix}, \quad X = \begin{bmatrix} x \\ y \\ z \end{bmatrix} \quad \text{e} \quad 0 = \begin{bmatrix} 0 \\ 0 \\ 0 \end{bmatrix},$$

o sistema, em notação matricial, será dado por $AX = 0$, sendo X elemento do conjunto-solução S. Se

$$\mu = X_1 = \begin{bmatrix} x_1 \\ y_1 \\ z_1 \end{bmatrix} \quad \text{e} \quad v = X_2 = \begin{bmatrix} x_2 \\ y_2 \\ z_2 \end{bmatrix}$$

são soluções do sistema, então:

$$AX_1 = 0 \quad \text{e} \quad AX_2 = 0$$

I) Somando, membro a membro, as duas igualdades, vem:

$$A(X_1 + X_2) = 0, \text{ o que implica } X_1 + X_2 \in S,$$

isto é, a soma de duas soluções é ainda uma solução do sistema.

II) Por outra parte, multiplicando por α a primeira igualdade, vem:

$$\alpha(AX_1) = \alpha 0 \text{ ou } A(\alpha X_1) = 0, \text{ o que implica } \alpha X_1 \in S,$$

isto é, o produto de uma constante por uma solução é ainda uma solução do sistema. Logo, o conjunto-solução S do sistema linear homogêneo é um subespaço vetorial de $M_{(3,\ 1)}$.

- O subespaço S é também chamado *espaço-solução* do sistema $AX = 0$.

- Se um sistema linear é *não-homogêneo*, o seu conjunto solução S *não* é um subespaço vetorial (verificação a cargo do leitor).

5) Sejam

$$V = M_2 = \left\{ \begin{bmatrix} a & b \\ c & d \end{bmatrix} ;\ a, b, c, d \in \mathbb{R} \right\} \quad e \quad S = \left\{ \begin{bmatrix} a & 0 \\ c & 0 \end{bmatrix} ;\ a, c \in \mathbb{R} \right\},$$

isto é, S é o conjunto das matrizes quadradas de ordem 2, cujos elementos da segunda coluna são nulos.

Para quaisquer

$$\mu = \begin{bmatrix} a_1 & 0 \\ c_1 & 0 \end{bmatrix} \in S,\ v = \begin{bmatrix} a_2 & 0 \\ c_2 & 0 \end{bmatrix} \in S \quad e \quad \alpha \in \mathbb{R},\ \text{tem-se:}$$

I) $\mu + v \in S$;

II) $\alpha \mu \in S$.

Logo, S é um subespaço vetorial de M_2.

1.4 – COMBINAÇÃO LINEAR DE VETORES

Sejam os vetores $v_1, v_2, ..., v_n$ do espaço vetorial V e os escalares $a_1, a_2, ..., a_n$. Qualquer vetor $v \in V$ da forma

$$v = a_1 v_1 + a_2 v_2 + ... + a_n v_n$$

é uma combinação linear dos vetores $v_1, v_2, ..., v_n$.

Exemplo

No espaço vetorial $\mathbb{R}^3$, o vetor $v = (-7, -15, 22)$ é uma combinação linear dos vetores $v_1 = (2, -3, 4)$ e $v_2 = (5, 1, -2)$ porque:

$$v = 4v_1 - 3v_2$$

De fato:

$$\begin{aligned}(-7, -15, 22) &= 4(2, -3, 4) - 3(5, 1, -2) \\ &= (8, -12, 16) + (-15, -3, 6) \\ &= (-7, -15, 22)\end{aligned}$$

1.4.1 — Problemas Resolvidos

Os problemas 1 a 3 se referem aos vetores $v_1 = (1, -3, 2)$ e $v_2 = (2, 4, -1)$ do $\mathbb{R}^3$.

1) Escrever o vetor $v = (-4, -18, 7)$ como combinação linear dos vetores v_1 e v_2.

Solução

Pretende-se que:

$$v = a_1 v_1 + a_2 v_2,$$

sendo a_1 e a_2 escalares a determinar. Deve-se ter:

$$\begin{aligned}(-4, -18, 7) &= a_1(1, -3, 2) + a_2(2, 4, -1) \\ (-4, -18, 7) &= (a_1, -3a_1, 2a_1) + (2a_2, 4a_2, -a_2) \\ (-4, -18, 7) &= (a_1 + 2a_2, -3a_1 + 4a_2, 2a_1 - a_2)\end{aligned}$$

Pela condição de igualdade de vetores, como se sabe da Geometria Analítica, resulta o sistema

$$\begin{cases} a_1 + 2a_2 = -4 \\ -3a_1 + 4a_2 = -18 \\ 2a_1 - a_2 = 7 \end{cases}$$

cuja solução é: $a_1 = 2$ e $a_2 = -3$.

Portanto: $v = 2v_1 - 3v_2$

2) Mostrar que o vetor $v = (4, 3, -6)$ não é combinação linear dos vetores v_1 e v_2.

Solução

Deve-se mostrar que não existem escalares a_1 e a_2, tais que:

$v = a_1 v_1 + a_2 v_2$

Utilizando procedimento análogo ao do problema anterior, vem:

$(4, 3, -6) = a_1(1, -3, 2) + a_2(2, 4, -1)$

$(4, 3, -6) = (a_1, -3a_1, 2a_1) + (2a_2, 4a_2, -a_2)$

$(4, 3, -6) = (a_1 + 2a_2, -3a_1 + 4a_2, 2a_1 - a_2)$

Desta última igualdade, resulta o sistema:

$$\begin{cases} a_1 + 2a_2 = 4 \\ -3a_1 + 4a_2 = 3 \\ 2a_1 - a_2 = -6 \end{cases}$$

sistema esse que é incompatível, o que comprova não poder o vetor v ser escrito como combinação linear de v_1 e v_2.

3) Determinar o valor de κ para que o vetor $\mu = (-1, \kappa, -7)$ seja combinação linear de v_1 e v_2.

Solução:

Deve-se ter:

$$\mu = a_1 v_1 + a_2 v_2$$
$$(-1, \kappa, -7) = a_1 (1, -3, 2) + a_2 (2, 4, -1)$$
$$(-1, \kappa, -7) = (a_1, -3 a_1, 2 a_1) + (2a_2, 4a_2, -a_2)$$
$$(-1, \kappa, -7) = (a_1 + 2a_2, -3 a_1 + 4a_2, 2 a_1 - a_2)$$

Dessa igualdade, vem o sistema

$$\begin{cases} a_1 + 2a_2 = -1 \\ -3a_1 + 4a_2 = \kappa \\ 2a_1 - a_2 = -7 \end{cases}$$

do qual resulta, como solução do problema proposto, $\kappa = 13$ ($a_1 = -3$ e $a_2 = 1$). De fato:

$$\begin{aligned}(-1, 13, -7) &= -3 (1, -3, 2) + 1 (2, 4, -1) \\ &= (-3, 9, -6) + (2, 4, -1) \\ &= (-1, 13, -7)\end{aligned}$$

4) Verificar de quantas maneiras o vetor $v = (5, 2) \in \mathbb{R}^2$ pode ser escrito como combinação linear dos vetores $v_1 = (1, 0)$, $v_2 = (0, 1)$ e $v_3 = (3, 1)$.

Solução

$$(5,2) = a_1 v_1 + a_2 v_2 + a_3 v_3$$
$$(5,2) = a_1 (1, 0) + a_2 (0, 1) + a_3 (3, 1)$$
$$(5,2) = (a_1, 0) + (0, a_2) + (3a_3, a_3)$$
$$(5,2) = (a_1 + 3a_3, a_2 + a_3).$$

Dessa igualdade resulta o sistema

$$\begin{cases} a_1 + 3a_3 = 5 \\ a_2 + a_3 = 2 \end{cases} \text{ ou } \begin{cases} a_1 = 5 - 3a_3 \\ a_2 = 2 - a_3 \end{cases}$$

e, portanto, para cada valor arbitrário atribuído a a_3 se obtém um valor para a_1 e outro para a_2. Assim, o vetor v pode ser escrito de infinitas maneiras como combinação linear dos vetores v_1, v_2 e v_3.

1.5 — SUBESPAÇO VETORIAL GERADO

Sejam V um espaço vetorial e $A = \{v_1, v_2, ..., v_n\} \subset V$, $A \neq \emptyset$. O conjunto S de todos os vetores de V que são combinações lineares dos vetores de A é um subespaço vetorial de V. De fato, se

$$\mu = a_1 v_1 + a_2 v_2 + ... + a_n v_n$$

e

$$v = b_1 v_1 + b_2 v_2 + ... + b_n v_n$$

são dois quaisquer vetores de S, pode-se escrever:

I) $\mu + v = (a_1 + b_1) v_1 + (a_2 + b_2) v_2 + ... + (a_n + b_n) v_n$

II) $\alpha \mu = (\alpha a_1) v_1 + (\alpha a_2) v_2 + ... + (\alpha a_n) v_n$,

isto é, $\mu + v \in S$ e $\alpha \mu \in S$ por serem combinações lineares de $v_1, v_2, ..., v_n$. Logo, S é um subespaço vetorial de V.

• O subespaço S diz-se *gerado* pelos vetores $v_1, v_2, ..., v_n$, ou *gerado* pelo conjunto A e se representa por $S = [v_1, v_2, ..., v_n]$ ou $S = G(A)$.

• Os vetores $v_1, v_2, ..., v_n$ são chamados *geradores* do subespaço S, e A é o *conjunto gerador* de S.

• Todo conjunto $A \subset V$ gera um subespaço vetorial de V, podendo ocorrer que $G(A) = V$, caso em que A é o conjunto gerador de V.

Exemplos

1) Os vetores $e_1 = (1, 0)$ e $e_2 = (0, 1)$ geram o espaço vetorial $V = \mathbb{R}^2$, pois qualquer par $(x, y) \in \mathbb{R}^2$ é combinação linear de e_1 e e_2:

$$(x, y) = xe_1 + ye_2 = x(1, 0) + y(0, 1) = (x, 0) + (0, y) = (x, y)$$

Assim, $[e_1, e_2] = \mathbb{R}^2$.

2) Os vetores $e_1 = (1, 0, 0)$ e $e_2 = (0, 1, 0)$ do $\mathbb{R}^3$ geram o subespaço $S = \{(x, y, 0) \in \mathbb{R}^3 / x, y \in \mathbb{R}\}$, pois:

$$\begin{aligned}(x, y, 0) &= xe_1 + ye_2 = x(1, 0, 0) + y(0, 1, 0) = (x, 0, 0) + (0, y, 0) \\ &= (x, y, 0),\end{aligned}$$

isto é, $[e_1, e_2] = S$ é subespaço próprio do $\mathbb{R}^3$ e representa geometricamente o plano x O y (Fig. 1.5).

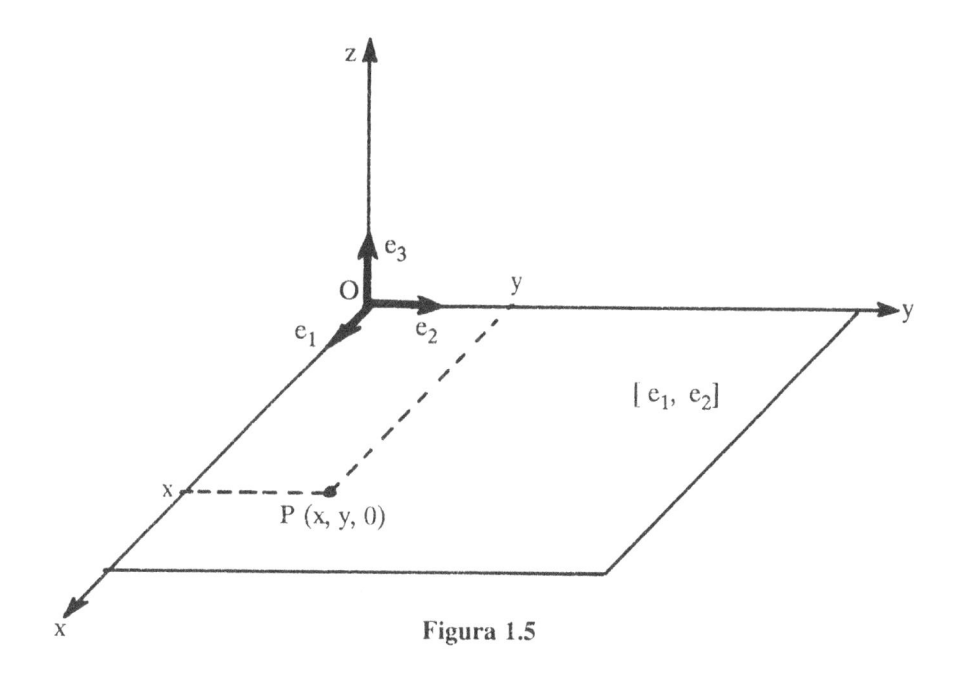

Figura 1.5

3) Os vetores $e_1 = (1, 0, 0)$, $e_2 = (0, 1, 0)$ e $e_3 = (0, 0, 1)$ geram o espaço vetorial $V = \mathbb{R}^3$, pois qualquer vetor $v = (x, y, z) \in \mathbb{R}^3$ é combinação linear de e_1, e_2 e e_3:

$$\begin{aligned}(x, y, z) &= xe_1 + ye_2 + ze_3 = x(1, 0, 0) + y(0, 1, 0) + z(0, 0, 1) \\ &= (x, 0, 0) + (0, y, 0) + (0, 0, z) \\ &= (x, y, z).\end{aligned}$$

Assim, $[e_1, e_2, e_3] = \mathbb{R}^3$.

1.5.1. — Problemas Resolvidos

1) Verificar se o conjunto $A = \{v_1 = (1, 2), v_2 = (3, 5)\}$ gera o $\mathbb{R}^2$.

Solução

Para que o conjunto A gere o $\mathbb{R}^2$ é necessário que qualquer vetor $v = (x, y) \in \mathbb{R}^2$ seja combinação linear de v_1 e v_2, isto é, devem existir números reais a_1 e a_2, tais que:

$$\begin{aligned} v &= a_1 v_1 + a_2 v_2 \\ (x, y) &= a_1 (1, 2) + a_2 (3, 5) \\ (x, y) &= (a_1, 2a_1) + (3a_2, 5a_2) \\ (x, y) &= (a_1 + 3a_2, 2a_1 + 5a_2). \end{aligned}$$

Dessa igualdade resulta o sistema:

$$\begin{cases} a_1 + 3a_2 = x \\ 2a_1 + 5a_2 = y \end{cases}$$

que, resolvido em função de x e y, fornece:

$$a_1 = -5x + 3y \quad \text{e} \quad a_2 = 2x - y,$$

isto é, $G(A) = \mathbb{R}^2$.

Se $v = (x, y) = (5, 8)$, por exemplo:

$$(5, 8) = (-5 \times 5 + 3 \times 8)v_1 + (2 \times 5 - 8)v_2$$
$$= -1(1, 2) + 2(3, 5)$$
$$= (-1, -2) + (6, 10)$$
$$= (5, 8)$$

2) Verificar se os vetores $e_1 = (1, 0)$, $e_2 = (0, 1)$ e $\omega = (7, 4)$ geram o $\mathbb{R}^2$.

Solução

Para que os vetores e_1, e_2 e ω gerem o $\mathbb{R}^2$ é necessário mostrar que para qualquer vetor $v = (x, y) \in \mathbb{R}^2$, existem números reais a_1, a_2 e a_3 tais que:

$$v = a_1 e_1 + a_2 e_2 + a_3 \omega$$
$$(x, y) = a_1(1, 0) + a_2(0, 1) + a_3(7, 4)$$
$$(x, y) = (a_1, 0) + (0, a_2) + (7a_3, 4a_3)$$
$$(x, y) = (a_1 + 7a_3, a_2 + 4a_3).$$

Dessa igualdade resulta o sistema:

$$\begin{cases} a_1 + 7a_3 = x \\ a_2 + 4a_3 = y \end{cases} \text{ou} \begin{cases} a_1 = x - 7a_3 \\ a_2 = y - 4a_3 \end{cases}$$

Fazendo, por exemplo, $a_3 = 2$, vem:

$$a_1 = x - 14$$
$$a_2 = y - 8$$

e, portanto,

$$(x, y) = (x - 14) e_1 + (y - 8)e_2 + 2\omega,$$

isto é, $[e_1, e_2, \omega] = \mathbb{R}^2$.

Se, por exemplo, $v = (x, y) = (3, 10)$, vem:

$$\begin{aligned}(3, 10) &= (3 - 14) e_1 + (10 - 8)e_2 + 2\omega \\ &= -11(1, 0) + 2(0, 1) + 2(7, 4) \\ &= (-11, 0) + (0, 2) + (14, 8) \\ &= (-11 + 14, 2 + 8) \\ &= (3, 10)\end{aligned}$$

- É interessante assinalar que, no problema 1, o espaço vetorial $\mathbb{R}^2$ foi gerado por 2 vetores e, neste problema, por 3 vetores. De modo análogo pode-se mostrar que o $\mathbb{R}^3$ pode ser gerado por 3, 4 ou mais vetores. O fato sugere que um espaço vetorial dado pode ser gerado por um número variável de vetores. No entanto, existe um número mínimo de vetores que gera um espaço vetorial: esse número mínimo será estudado mais adiante.

1.6 — ESPAÇOS VETORIAIS FINITAMENTE GERADOS

Um espaço vetorial V é *finitamente gerado* se existe um conjunto finito $A \subset V$, tal que $V = G(A)$.

Os exemplos de espaços vetoriais dados são todos de espaços vetoriais finitamente gerados. Por exemplo, foi visto que o $\mathbb{R}^3$ é gerado por um conjunto de 3 vetores. Embora existam espaços vetoriais gerados por um conjunto de infinitos vetores, aqui serão tratados somente espaços vetoriais finitamente gerados.

1.7 — DEPENDÊNCIA E INDEPENDÊNCIA LINEAR

Sejam V um espaço vetorial e $A = \{v_1, v_2, ..., v_n\} \subset V$. A equação

$$a_1 v_1 + a_2 v_2 + ... + a_n v_n = 0 \qquad (1)$$

admite, pelo menos, uma solução, a solução trivial:

$$a_1 = a_2 = ... = a_n = 0$$

Diz-se que o conjunto A é *linearmente independente* (LI) ou que os vetores $v_1, v_2, ..., v_n$ são LI no caso de a equação (1) admitir apenas a solução trivial.

Se existirem soluções $a_i \neq 0$, diz-se que o conjunto A é *linearmente dependente* (LD) ou que os vetores $v_1, v_2, ..., v_n$ são LD.

Exemplos

1) No espaço vetorial $\mathbb{R}^2$, os vetores $e_1 = (1, 0)$ e $e_2 = (0, 1)$, são LI. De fato:

$$a_1 e_1 + a_2 e_2 = 0$$
$$a_1 (1, 0) + a_2 (0, 1) = (0, 0)$$
$$(a_1, 0) + (0, a_2) = (0, 0)$$
$$(a_1, a_2) = (0, 0)$$

isto é:

$$a_1 = 0 \quad e \quad a_2 = 0$$

2) No espaço vetorial $\mathbb{R}^3$, os vetores $e_1 = (1, 0, 0)$, $e_2 = (0, 1, 0)$ e $e_3 = (0, 0, 1)$ são LI. A verificação é análoga à do Exemplo 1.

3) No espaço vetorial $\mathbb{R}^2$, os vetores $v_1 = (2, 3)$ e $v_2 = (-4, -6)$ são LD. De fato:

$$a_1 v_1 + a_2 v_2 = 0$$
$$a_1 (2, 3) + a_2 (-4, -6) = (0,0)$$
$$(2a_1, 3a_1) + (-4a_2, -6a_2) = (0,0)$$
$$(2a_1 - 4a_2, 3a_1 - 6a_2) = (0,0)$$

Dessa igualdade resulta o sistema

$$\begin{cases} 2a_1 - 4a_2 = 0 \\ 3a_1 - 6a_2 = 0 \end{cases}$$

que admite a solução $a_1 = 2 a_2$. Fazendo, por exemplo, $a_2 = 3$, se obtém $a_1 = 6$ e a equação

$$a_1 v_1 + a_2 v_2 = 0$$

fica:

$$6 (2, 3) + 3 (-4, -6) = (0,0)$$

Logo, v_1 e v_2 são LD porque a equação acima se verifica para coeficientes de v_1 e v_2 diferentes de zero.

4) No espaço vetorial $\mathbb{R}^2$, os vetores $e_1 = (1,0)$, $e_2 = (0,1)$ e $\omega = (7,4)$ são LD. De fato:

$$a_1 e_1 + a_2 e_2 + a_3 \omega = 0$$
$$a_1 (1,0) + a_2 (0,1) + a_3 (4,7) = (0,0)$$
$$(a_1, 0) + (0, a_2) + (4 a_3, 7 a_3) = (0,0)$$
$$(a_1 + 4 a_3, a_2 + 7 a_3) = (0,0)$$

Dessa igualdade se obtém o sistema:

$$\begin{cases} a_1 + 4a_3 = 0 \\ a_2 + 7a_3 = 0 \end{cases} \quad \text{ou} \quad \begin{cases} a_1 = -4a_3 \\ a_2 = -7a_3 \end{cases}$$

fazendo $a_3 = 2$, por exemplo, vem:

$$a_1 = -8 \quad \text{e} \quad a_2 = -14$$

e

$$-8\,(1,0) - 14\,(0,1) + 2\,(4,7) = (0,0)$$

Logo, os vetores e_1, e_2 e ω são LD porque a equação acima se verifica para coeficientes de e_1, e_2 e ω diferentes de zero.

5) No espaço vetorial $\mathbb{R}^3$, os vetores $v_1 = (6,2,3)$ e $v_2 = (0,5,3)$ são LI. De fato:

$$a_1\,(6,2,3) + a_2\,(0,5,3) = (0,0,0)$$

$$(6a_1, 2a_1, 3a_1) + (0, 5a_2, 3a_2) = (0,0,0)$$

$$(6a_1, 2a_1 + 5a_2, 3a_1 + 3a_2) = (0,0,0)$$

ou

$$\begin{cases} 6a_1 = 0 \\ 2a_1 + 5a_2 = 0 \\ 3a_1 + 3a_2 = 0, \end{cases}$$

sistema que admite somente a solução trivial: $a_1 = a_2 = 0$. Portanto, os vetores v_1 e v_2 são LI.

1.7.1 — Propriedades da Dependência e da Independência Linear

I) O vetor $v = 0$ do espaço vetorial V é LD, pois para qualquer $a \neq 0$:

$$a\,0 = 0$$

II) Um único vetor $v \neq 0$ do espaço vetorial é LI, porque a igualdade $av = 0$ só se verifica para $a = 0$.

III) Se um conjunto $A \subset V$ contém o vetor nulo, A é LD. De fato, se

$A = \{v_1, v_2, ..., 0, ..., v_n\}$, a equação:

$$0v_1 + 0v_2 + ... + a\,0 + ... + 0v_n = 0$$

se verifica para $a \neq 0$. Logo, A é LD.

IV) Se num conjunto de vetores não nulos $A = \{v_1, v_2, ..., v_n\}$ um deles é combinação linear dos outros, o conjunto é LD. De fato, supondo $n = 3$ e $v_1 = a_2 v_2 + a_3 v_3$, pode-se escrever:

$$-1 v_1 + a_2 v_2 + a_3 v_3 = 0$$

Nesta igualdade existe, pelo menos, um $a_i \neq 0$ ($a_1 = -1$), o que prova ser $A = \{v_1, v_2, v_3\}$ LD.

Reciprocamente, se um conjunto de vetores não nulos $A = \{v_1, v_2, v_3\}$ é LD, um deles pode ser escrito como combinação linear dos outros. De fato, por definição, um dos coeficientes da igualdade

$$a_1 v_1 + a_2 v_2 + a_3 v_3 = 0$$

deve ser diferente de zero. Supondo, por exemplo, que $a_2 \neq 0$, vem:

$$a_2 v_2 = -a_1 v_1 - a_3 v_3$$

$$v_2 = -\frac{a_1}{a_2} v_1 - \frac{a_3}{a_2} v_3,$$

e, portanto, v_2 é combinação linear dos outros dois vetores.

A demonstração seria análoga para um conjunto de vetores não nulos $A = \{v_1, v_2, ..., v_n\}$

• Esta propriedade pode ser enunciada de forma equivalente: um conjunto $A = \{v_1, v_2, ..., v_n\}$ é LI se, e somente se, nenhum dos vetores for combinação linear dos outros.

• Para o caso particular de dois vetores pode-se dizer: dois vetores v_1 e v_2 são LD se, e somente se, um vetor é múltiplo escalar do outro.

No exemplo 3, item 1.7 viu-se que os vetores $v_1 = (2, 3)$ e $v_2 = (-4, -6)$ são LD, devendo-se notar que $v_2 = -2 v_1$, isto é, v_2 é múltiplo escalar de v_1; no exemplo 5, mesmo item, viu-se que os vetores $v_1 = (6, 2, 3)$ e $v_2 = (0, 5, -3)$ são LI, pois $v_1 \neq k v_2$ para qualquer $k \in \mathbb{R}$.

V) Se uma parte de um conjunto $A \subset V$ é LD, A também é LD. De fato, supondo que em

$$A = \{v_1, v_2, ..., v_r, ..., v_n\}$$

a parte

$$A_1 = \{v_1, v_2, ..., v_r\} \text{ é LD,}$$

o que significa existirem $a_i \neq 0$ que satisfazem a igualdade:

$$a_1 v_1 + a_2 v_2 + ... + a_r v_r = 0$$

e esses mesmos $a_i \neq 0$ também satisfazem a igualdade:

$$a_1 v_1 + a_2 v_2 + ... + a_r v_r + 0 v_{r+1} + ... + 0 v_n = 0$$

Logo, A = $\{v_1, v_2, ..., v_r, ..., v_n\}$ é LD.

VI) Se um conjunto A $\subset$ V é LI, qualquer parte A_1 de A é também LI. De fato, se A_1 fosse LD, pela propriedade anterior, o conjunto A seria LD, o que contraria a hipótese.

VII) Se A = $\{v_1, ..., v_n\} \subset$ V é LI e B = $\{v_1, ..., v_n, \omega\} \subset$ V é LD, ω é combinação linear de $v_1, ..., v_n$. De fato, se B é LD, existem escalares $a_1, ..., a_n$, b, nem todos nulos, tais que:

$$a_1 v_1 + ... + a_n v_n + b\omega = 0$$

Se b = 0, então algum dos a_i não é zero na igualdade:

$$a_1 v_1 + ... + a_n v_n = 0$$

o que contradiz a hipótese de que A é LI. Por conseguinte, b $\neq$ 0 e:

$$b\omega = -a_1 v_1 - ... - a_n v_n$$

$$\omega = -\frac{a_1}{b} v_1 - ... - \frac{a_n}{b} v_n$$

isto é, ω é combinação linear de $v_1, ..., v_n$.

1.7.2 – Problemas Resolvidos

Nos problemas de 1 a 3 verificar se são LD ou LI os conjuntos dados.

1) A = $\{(5,7), (3,8)\} \subset \mathbb{R}^2$

Solução

O conjunto, por ter dois vetores tais que um não é múltiplo escalar do outro, é LI.

2) A = $\{(12,6), (4,2)\} \subset \mathbb{R}^2$

Solução

O conjunto, por ter dois vetores tais que um é múltiplo escalar do outro (o 1º é o triplo do 2º), é LD.

3) $A = \{(1,2,3), (0,1,2), (0,0,1)\} \subset \mathbb{R}^3$

Solução

Seja a equação:

$a_1(1,2,3) + a_2(0,1,2) + a_3(0,0,1) = 0$

$(a_1, 2a_1, 3a_1) + (0, a_2, 2a_2) + (0,0,a_3) = (0,0,0)$

$(a_1, 2a_1 + a_2, 3a_1 + 2a_2 + a_3) = (0,0,0)$

Dessa igualdade resulta o sistema

$$\begin{cases} a_1 = 0 \\ 2a_1 + a_2 = 0 \\ 3a_1 + 2a_2 + a_3 = 0 \end{cases}$$

que admite somente a solução trivial: $a_1 = a_2 = a_3 = 0$. Portanto, o conjunto é LI.

1.8 — BASE E DIMENSÃO

1.8.1 — Base de um Espaço Vetorial

Um conjunto $B = \{v_1, ..., v_n\} \subset V$ é uma base do espaço vetorial V se:

I) B é LI

II) B gera V

Exemplos

1) $B = \{(1,0), (0,1)\}$ é base do $\mathbb{R}^2$, denominada *base canônica*. De fato:

I) B é LI (ver Exemplo 1, item 1.7)

II) B gera $\mathbb{R}^2$ (ver Exemplo1, item 1.5)

2) $B = \{(1,2), (3,5)\}$ é base do $\mathbb{R}^2$. De fato:

I) B é LI.

$a_1(1, 2) + a_2(3, 5) = (0,0)$

$(a_1, 2a_1) + (3a_2, 5a_2) = (0,0)$

$(a_1 + 3a_2, 2a_1 + 5a_2) = (0,0)$

ou

$$\begin{cases} a_1 + 3a_2 = 0 \\ 2a_1 + 5a_2 = 0 \end{cases}$$

sistema que admite somente a solução trivial ($a_1 = a_2 = 0$), o que confirma ser B LI.

II) B gera o $\mathbb{R}^2$ (ver Problema 1, item 1.5)

3) $B = \{e_1 = (1,0,0), e_2 = (0,1,0), e_3 = (0,0,1)\}$ é base da $\mathbb{R}^3$. De fato:

I) B é LI (ver exemplo 2, item 1.7)

II) B gera $\mathbb{R}^3$ (ver exemplo 3, item 1.5)

4) $B = \{v_1 = (1,1,1), v_2 = (1,1,0), v_3 = (1,0,0)\}$ é base do $\mathbb{R}^3$. De fato:

I) B é LI.

$a_1(1,1,1) + a_2(1,1,0) + a_3(1,0,0) = 0$

$(a_1, a_1, a_1) + (a_2, a_2, 0) + (a_3, 0, 0) = (0,0,0)$

$(a_1 + a_2 + a_3, a_1 + a_2, a_1) = (0,0,0)$

ou

$$\begin{cases} a_1 + a_2 + a_3 = 0 \\ a_1 + a_2 = 0 \\ a_1 = 0 \end{cases}$$

sistema que admite somente a solução trivial ($a_1 = a_2 = a_3 = 0$), o que confirma ser B LI.

II) B gera o $\mathbb{R}^3$. De fato, qualquer vetor $v = (x, y, z)$ é combinação linear de v_1, v_2 e v_3:

$(x, y, z) = a_1 v_1 + a_2 v_2 + a_3 v_3$

$(x, y, z) = a_1(1,1,1) + a_2(1,1,0) + a_3(1,0,0)$

$(x, y, z) = (a_1, a_1, a_1) + (a_2, a_2, 0) + (a_3, 0, 0)$

$(x, y, z) = (a_1 + a_2 + a_3, a_1 + a_2, a_1)$

ou

$$\begin{cases} a_1 + a_2 + a_3 = x \\ a_1 + a_2 = y \\ a_1 = z \end{cases}$$

isto é, $a_1 = z$, $a_2 = y - z$ e $a_3 = x - y$; portanto:

$(x,y,z) = z(1,1,1) + (y-z)(1,1,0) + (x-y)(0,0,1)$,

o que comprova ser qualquer vetor $v = (x,y,z)$ combinação linear de v_1, v_2 e v_3. Logo, $[v_1, v_2, v_3] = \mathbb{R}^3$.

5) $B = \{(1,2), (2,4)\}$ não é base do $\mathbb{R}^2$ pois B é LD (verificação análoga à do exemplo 3, item 1.7).

6) $B = \{(1,0), (0,1), (7,4)\}$ não é base do $\mathbb{R}^2$, pois é LD (ver exemplo 4, item 1.7).

1.8.2 — Dimensão de um Espaço Vetorial

Se V é um vetorial e possui uma base com n vetores, V tem dimensão n. A dimensão de V se indica por dim V = n.

- O espaço vetorial {0}, constituído somente pelo vetor nulo, é de dimensão zero.

Exemplos

1) dim $\mathbb{R}^2$ = 2 (ver exemplos 1 e 2, item 1.8.1).

2) dim $\mathbb{R}^3$ = 3 (ver Exemplos 3 e 4, item 1.8.1).

3) dim {0} = 0

1.8.3 — Propriedades Relativas à Base e à Dimensão

I) Qualquer conjunto LI de um espaço vetorial V é base do subspaço por ele gerado. Por exemplo, o conjunto

$$B = \{e_1 = (1,0,0), e_2 = (0,1,0)\} \subset \mathbb{R}^3$$

gera o subespaço:

$$S = \{(x, y, 0) \in \mathbb{R}^3 / x, y \in \mathbb{R}\} \text{ (ver Exemplo 2, item 1.5)}$$

Como B é também LI, B é base de S.

II) Se $B = \{v_1, v_2, ..., v_n\}$ for base de um espaço vetorial V, todo conjunto com mais de n vetores de V é LD.

Para simplificar, sejam dim V = 2 e $B = \{v_1, v_2\}$ uma base de V e considere-se $B' = \{\omega_1, \omega_2, \omega_2\} \subset V$. Pretende-se mostrar que B' é LD. Para tanto é suficiente provar que existem escalares x_i (com i = 1, 2, 3), não todos nulos, tais que:

$$x_1\omega_1 + x_2\omega_2 + x_3\omega_3 = 0 \tag{1}$$

Tendo em vista que B é uma base de V, os vetores de B' podem ser escritos como combinação linear dos vetores de B, isto é, existem escalares a_i, b_i, c_i (i = 1, 2), tais que:

$$\omega_1 = a_1 v_1 + a_2 v_2$$
$$\omega_2 = b_1 v_1 + b_2 v_2 \qquad (2)$$
$$\omega_3 = c_1 v_1 + c_2 v_2$$

Substituindo-se ω_1, ω_2 e ω_3 de (2) e (1), vem:

$$x_1(a_1 v_1 + a_2 v_2) + x_2(b_1 v_1 + b_2 v_2) + x_3(c_1 v_1 + c_2 v_2) = 0$$

ou

$$(a_1 x_1 + b_1 x_2 + c_1 x_3)v_1 + (a_2 x_1 + b_2 x_2 + c_2 x_3)v_2 = 0$$

Por serem v_1 e v_2 LI, tem-se

$$\begin{cases} a_1 x_1 + b_1 x_2 + c_1 x_3 = 0 \\ a_2 x_1 + b_2 x_2 + c_2 x_3 = 0 \end{cases}$$

Esse sistema linear homogêneo, por ter m = 3 variáveis (x_1, x_2 e x_3) e n = 2 equações (m > n), admite soluções não triviais, isto é, existe $x_i \neq 0$, o que prova que B é LD.

A demonstração pode ser estendida, com raciocínio análogo, para B contendo n vetores e B'm vetores, com m > n.

Esta propriedade assegura que, num espaço vetorial V de dimensão n, qualquer conjunto LI de V tem, no *máximo*, n vetores. Assim, por exemplo, já se viu que dimensão $\mathbb{R}^2 = 2$ e, portanto, no $\mathbb{R}^2$ o número máximo de vetores LI é 2 e todo conjunto com mais de 2 vetores (Exemplo 4, item 1.7) é LD.

III) Duas bases quaisquer de um espaço vetorial têm o mesmo número de vetores. De fato:

Sejam $A = \{v_1, ..., v_n\}$ e $B = \{\omega_1, ..., \omega_m\}$ duas bases de um espaço vetorial V. Como A é base e B é LI, pela propriedade anterior $n \geq m$. Por outra parte, como B é a base e A é LI, deve-se ter $n \leq m$. Logo $n = m$.

IV) Se $B = \{v_1, v_2, ..., v_n\}$ é uma base de um espaço vetorial V, qualquer vetor $v \in V$ se exprime de maneira única como combinação linear dos vetores de B. De fato, tendo em vista que B é uma base de V, para qualquer $v \in V$ pode se escrever:

$$v = a_1 v_1 + a_2 v_2 + ... + a_n v_n \tag{3}$$

Supondo que o vetor v pudesse ser expresso como outra combinação linear dos vetores da base, ter-se-ia:

$$v = b_1 v_1 + b_2 v_2 + ... + b_n v_n \tag{4}$$

Subtraindo, membro a membro, a igualdade (4) da igualdade (3), vem:

$$0 = (a_1 - b_1)v_1 + (a_2 - b_2)v_2 + ... + (a_n - b_n)v_n$$

Tendo em vista que os vetores da base são LI:

$$a_1 - b_1 = 0, \quad a_2 - b_2 = 0, ..., a_n - b_n = 0,$$

isto é:

$$a_1 = b_1, a_2 = b_2, ..., a_n = b_n$$

Os números $a_1, a_2, ..., a_n$ são pois, univocamente determinados pelo vetor v e pela base $\{v_1, v_2, ..., v_n\}$.

V) Se V é um espaço vetorial tal que dim V = n e S é um subespaço vetorial de V, então dim $S \leq n$.

No caso de dim S = n, tem-se S = V, isto é, S é subespaço trivial de V; se dim S < n, S é subespaço próprio de V.

VI) A *dimensão de um subespaço vetorial* pode ser determinada pelo *número de variáveis livres* de seu vetor genérico. O fato pode ser verificado por meio do seguinte problema: Determinar a dimensão do subespaço

$S = \{(x,y,z) \in \mathbb{R}^3 / 2x + y + z = 0\}$.

Isolando z (ou x, ou y) na equação de definição, tem-se:

$z = -2x-y$,

onde x e y são as variáveis livres. Para qualquer vetor $(x, y, z) \in S$ tem-se:

$(x,y,z) = (x, y, -2x-y)$

ou

$(x,y,z) = (x, 0, -2x) + (0,y,-y)$

ou ainda,

$(x,y,z) = x(1,0,-2) + y(0,1,-1)$, (1)

isto é, todo vetor de S é combinação linear dos vetores (1,0,-2) e (0,1-1). Como esses dois vetores geradores de S são LI, o conjunto $\{(1,0,-2), (0,1,-1)\}$ é uma base de S e, conseqüentemente, dim S = 2.

Mas, tendo em vista que a cada variável livre x e y corresponde um vetor da base na igualdade (1), conclui-se que *o número de variáveis livres é a dimensão do subespaço*.

• Se se desejasse apenas obter uma base do subespaço S, se adotaria, na prática, um processo simplificado. Assim, no subespaço S onde $z = -2x-y$,

fazendo $x = 1$ e $y = 1$, vem: $z = -2-1 = -3$ ∴ $v_1 = (1,1,-3)$,

fazendo $x = -1$ e $y = 2$, vem: $z = 2-2 = 0$ ∴ $v_2 = (-1,2,0)$,

o conjunto $S = \{(1,1,-3), (-1,2,0)\}$ é outra base de S. Na verdade, S tem infinitas bases, porém todas com dois vetores somente.

1.9 — COMPONENTES DE UM VETOR

Na propriedade IV do item anterior, viu-se que $v \in V$ é expresso assim:

$$v = a_1 v_1 + a_2 v_2 + ... + a_n v_n,$$

sendo $B = \{v_1, v_2, ..., v_n\}$ uma base de V. Os números $a_1, a_2, ..., a_n$, univocamente determinados por v e pela base B, são denominados *componentes* ou *coordenadas* de v em relação à base B.

• Um vetor $v \in V$ (dim V = n), de componentes $a_1, a_2, ..., a_n$ em relação a uma base B, é indicado por v_B e se representa por:

$$v_B = (a_1, a_2, ..., a_n)$$

O mesmo vetor v pode ser representado na forma matricial:

$$v_B = \begin{bmatrix} a_1 \\ a_2 \\ \vdots \\ a_n \end{bmatrix}$$

• Os vetores de uma base $B = \{v_1, v_2, ..., v_n\}$ de um espaço vetorial V podem ser representados por uma matriz na qual as componentes de cada vetor da base constituem uma coluna dessa matriz, dispostas as colunas na ordem em que os vetores foram enunciados. Assim, a base

$$B = \{v_1 = (1,4,1), v_2 = (1,7,0), v_3 = (2,0,0)\} \text{ do } \mathbb{R}^3$$

é representada por :

$$B = \begin{bmatrix} 1 & 1 & 2 \\ 4 & 7 & 0 \\ 1 & 0 & 0 \end{bmatrix}$$

• Se os vetores de uma base $A = \{v_1 = (x_{11}, x_{12}), v_2 = (x_{21}, x_{22})\}$ do $\mathbb{R}^2$ tiverem, por conveniência ou necessidade, de ser escritos em linha numa matriz, se escreverá:

$$A^t = \begin{bmatrix} x_{11} & x_{12} \\ x_{21} & x_{22} \end{bmatrix}, \text{ pois a transporta de } A^t \text{ é } A = \begin{bmatrix} x_{11} & x_{21} \\ x_{12} & x_{22} \end{bmatrix}$$

- As bases canônicas do $\mathbb{R}^2$, $\mathbb{R}^3$, ..., $\mathbb{R}^n$ são representadas, cada uma, por uma matriz unidade (também chamada matriz *identidade*):

$$I_2 = \begin{bmatrix} 1 & 0 \\ 0 & 1 \end{bmatrix}, \quad I_3 = \begin{bmatrix} 1 & 0 & 0 \\ 0 & 1 & 0 \\ 0 & 0 & 1 \end{bmatrix}, \quad I_n = \begin{bmatrix} 1 & 0 & \cdots & 0 \\ 0 & 1 & \cdots & 0 \\ \vdots & \vdots & & \vdots \\ 0 & 0 & \cdots & 1 \end{bmatrix}$$

1.10 — MUDANÇA DE BASE

Dadas duas bases A e B de um espaço vetorial V, pretende-se estabelecer a relação entre as componentes de um vetor v em relação à base A e as componentes do mesmo vetor em relação à base B. Para facilitar, considere-se o caso em que dim V = 2. O problema para espaços vetoriais de dimensão n é análogo.

Sejam as bases $A = \{v_1, v_2\}$ e $B = \{\omega_1, \omega_2\}$ de V. Dado um vetor $v \in V$, este será combinação linear dos vetores das bases A e B:

$$v = x_1 v_1 + x_2 v_2 \qquad (1)$$

ou

$$v_A = (x_1, x_2) \text{ ou, ainda, } v_A = \begin{bmatrix} x_1 \\ x_2 \end{bmatrix} \qquad (1\text{-}I)$$

e

$$v = y_1 \omega_1 + y_2 \omega_2 \qquad (2)$$

ou

$$v_B = (y_1, y_2) \qquad \text{ou, ainda,} \qquad v_B = \begin{bmatrix} y_1 \\ y_2 \end{bmatrix} \qquad (2\text{-}I)$$

Por outro lado, os vetores da base A podem ser escritos em relação à base B, isto é:

$$v_1 = a_{11}\omega_1 + a_{21}\omega_2$$
$$v_2 = a_{12}\omega_1 + a_{22}\omega_2 \qquad (3)$$

Substituindo-se v_1 e v_2 de (3) em (1), vem:

$$v = x_1(a_{11}\omega_1 + a_{21}\omega_2) + x_2(a_{12}\omega_1 + a_{22}\omega_2)$$

ou

$$v = (a_{11}x_1 + a_{12}x_2)\omega_1 + (a_{21}x_1 + a_{22}x_2)\omega_2 \qquad (4)$$

Comparando as igualdades (4) e (2) vem:

$$y_1 = a_{11}x_1 + a_{12}x_2$$
$$y_2 = a_{21}x_1 + a_{22}x_2$$

ou na forma matricial:

$$\begin{bmatrix} y_1 \\ y_2 \end{bmatrix} = \begin{bmatrix} a_{11} & a_{12} \\ a_{21} & a_{22} \end{bmatrix} \begin{bmatrix} x_1 \\ x_2 \end{bmatrix} \qquad (5)$$

Tendo em vista as igualdades (2-I) e (1-I) e fazendo

$$M = \begin{bmatrix} a_{11} & a_{12} \\ a_{21} & a_{22} \end{bmatrix},$$

a equação matricial (5) pode ser escrita assim:

$$v_B = Mv_A \qquad (6)$$

A finalidade da matriz M, chamada *matriz de mudança de base de A para B*, é transformar as componentes de um vetor v na base A em componentes do mesmo vetor v na base B. Se se quiser, em lugar de transformar v_A em v_B, transformar v_B em v_A, a igualdade (6)

$$Mv_A = v_B$$

permite escrever

$$v_A = M^{-1}v_B \tag{7}$$

uma vez que M é inversível. Assim, M transforma v_A em v_B e M^{-1} transforma v_B em v_A.

1.10.1 — Determinação da Matriz de Mudança de Base

As igualdades (3) do item anterior permitem escrever:

$$\begin{bmatrix} v_1 \\ v_2 \end{bmatrix} = \begin{bmatrix} a_{11} & a_{21} \\ a_{12} & a_{22} \end{bmatrix} \begin{bmatrix} \omega_1 \\ \omega_2 \end{bmatrix} \tag{8}$$

Fazendo

$$v_1 = (x_{11}, x_{12}), \quad v_2 = (x_{21}, x_{22}), \quad \omega_1 = (y_{11}, y_{12}) \quad \text{e} \quad \omega_2 = (y_{21}, y_{22}),$$

a igualdade (8) fica

$$\begin{bmatrix} x_{11} & x_{12} \\ x_{21} & x_{22} \end{bmatrix} = \begin{bmatrix} a_{11} & a_{21} \\ a_{12} & a_{22} \end{bmatrix} \begin{bmatrix} y_{11} & y_{12} \\ y_{21} & y_{22} \end{bmatrix} \tag{9}$$

mas,

$$\begin{bmatrix} x_{11} & x_{12} \\ x_{21} & x_{22} \end{bmatrix} = A^t, \quad \begin{bmatrix} a_{11} & a_{21} \\ a_{12} & a_{22} \end{bmatrix} = M^t \quad \text{e} \quad \begin{bmatrix} y_{11} & y_{12} \\ y_{21} & y_{22} \end{bmatrix} = B^t$$

logo a equação (9) é

$$A^t = M^t B^t$$

ou

$$A = BM \text{ (propriedade da matiz transposta)}.$$

Como B é uma matriz inversível, vem:

$$M = B^{-1}A \tag{10}$$

- Da igualdade (10), conforme propriedade da matriz inversa, vem:

$$M^{-1} = A^{-1}B \qquad (11)$$

- Não é demais insistir: M é matriz de mudança de base de A para B (da primeira base para a segunda) e M^{-1} é matriz de mudança de base de B para A (da segunda para a primeira).

É fácil entender que a matriz de mudança de base num espaço de dimensão 3 ou de dimensão n é dada pela mesma fórmula ($M = B^{-1}A$ ou $M^{-1} = A^{-1}B$), sendo A e B de ordem 3 ou n, uma vez que a demonstração respectiva é análoga à do espaço de dimensão 2.

- Se a base A for a base canônica e, portanto A = I, tem-se:

$$M = B^{-1} \qquad (12)$$

$$M^{-1} = B \qquad (13)$$

1.10.2 — Problemas Resolvidos

Os problemas 1 a 4 se referem às bases do $\mathbb{R}^2$:

A = {(1,3), (1,-2)} e B = {(3,5), (1,2)}

1) Determinar a matriz de mudança de base de A para B.

Solução

$$M = B^{-1}A$$

mas,

$$A = \begin{bmatrix} 1 & 1 \\ 3 & -2 \end{bmatrix}, \quad B = \begin{bmatrix} 3 & 1 \\ 5 & 2 \end{bmatrix}, \quad \det B = \begin{vmatrix} 3 & 1 \\ 5 & 2 \end{vmatrix} = 6 - 5 = 1, \text{ e}$$

$$B^{-1} = \begin{bmatrix} 2 & -1 \\ -5 & 3 \end{bmatrix}$$

logo:

$$M = \begin{bmatrix} 2 & -1 \\ -5 & 3 \end{bmatrix} \begin{bmatrix} 1 & 1 \\ 3 & -2 \end{bmatrix} = \begin{bmatrix} -1 & 4 \\ 4 & -11 \end{bmatrix}$$

2) Determinar a matriz de mudança de base de B para A.

Solução

$M^{-1} = A^{-1}B$

mas,

$B = \begin{bmatrix} 3 & 1 \\ 5 & 2 \end{bmatrix}$, $A = \begin{bmatrix} 1 & 1 \\ 3 & -2 \end{bmatrix}$, $\det A = \begin{vmatrix} 1 & 1 \\ 3 & -2 \end{vmatrix} = -2 - 3 = -5$ e

$A^{-1} = \begin{bmatrix} \dfrac{2}{5} & \dfrac{1}{5} \\ \dfrac{3}{5} & -\dfrac{1}{5} \end{bmatrix}$

logo:

$M^{-1} = \begin{bmatrix} \dfrac{2}{5} & \dfrac{1}{5} \\ \dfrac{3}{5} & -\dfrac{1}{5} \end{bmatrix} \begin{bmatrix} 3 & 1 \\ 5 & 2 \end{bmatrix} = \begin{bmatrix} \dfrac{11}{5} & \dfrac{4}{5} \\ \dfrac{4}{5} & \dfrac{1}{5} \end{bmatrix}$

3) Sabendo que $v_A = (3,2)$, calcular v_B.

Solução

$v_B = Mv_A$

$v_B = \begin{bmatrix} -1 & 4 \\ 4 & -11 \end{bmatrix} \begin{bmatrix} 3 \\ 2 \end{bmatrix} = \begin{bmatrix} 5 \\ -10 \end{bmatrix}$

4) Sabendo que $v_B = (5,-10)$, calcular v_A.

Solução

$v_A = M^{-1}v_B$

$v_A = \begin{bmatrix} \dfrac{11}{5} & \dfrac{4}{5} \\ \dfrac{4}{5} & \dfrac{1}{5} \end{bmatrix} \begin{bmatrix} 5 \\ -10 \end{bmatrix} = \begin{bmatrix} 3 \\ 2 \end{bmatrix}$

5) Considere-se no $\mathbb{R}^2$, a base canônica $A = \{e_1 = (1,0), e_2 = (0,1)\}$ e a base $B = \{v_1 = (1,3), v_2 = (1,-2)\}$. Sabendo que $v_A = (5,0)$, calcular v_B.

Solução

$$v_B = Mv_A$$

e

$$M = B^{-1}$$

logo:

$$v_B = B^{-1}v_A$$

mas,

$$v_A = \begin{bmatrix} 5 \\ 0 \end{bmatrix}, \quad B = \begin{bmatrix} 1 & 1 \\ 3 & -2 \end{bmatrix} \quad e \quad B^{-1} = \begin{bmatrix} \frac{2}{5} & \frac{1}{5} \\ \frac{3}{5} & -\frac{1}{5} \end{bmatrix}$$

logo:

$$v_B = \begin{bmatrix} \frac{2}{5} & \frac{1}{5} \\ \frac{3}{5} & -\frac{1}{5} \end{bmatrix} \begin{bmatrix} 5 \\ 0 \end{bmatrix} = \begin{bmatrix} 2 \\ 3 \end{bmatrix}$$

A Figura 1.10-5 mostra que o vetor de componentes 5 e 0 na base canônica A tem componentes 2 e 3 na base B:

$$(5,0) = 5(1,0) + 0(0,1)$$

$$(5,0) = 2(1,3) + 3(1,-2)$$

- Se fosse dado $v_B = (2,3)$, o leitor encontraria $v_A = (5,0)$.

6) Dadas a base canônica $A = \{e_1 = (1,0), e_2 = (0,1)\}$ e a base $B = \{v_1 = (2,1), v_2 = (-1,2)\}$ do $\mathbb{R}^2$, calcular v_B sabendo-se que $v_A = (4,7)$.

Solução

$$v_B = Mv_A$$

$$M = B^{-1}A$$
$$A = I$$
$$M = B^{-1}$$
$$v_B = B^{-1}v_A$$

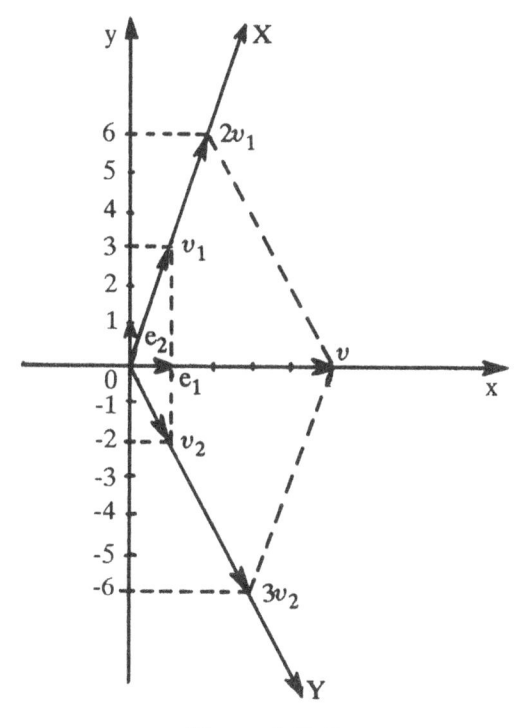

Figura 1.10-5

mas:

$$v_A = \begin{bmatrix} 4 \\ 7 \end{bmatrix}, \quad B = \begin{bmatrix} 2 & -1 \\ 1 & 2 \end{bmatrix} \quad e \quad B^{-1} = \begin{bmatrix} \dfrac{2}{5} & \dfrac{1}{5} \\ -\dfrac{1}{5} & \dfrac{2}{5} \end{bmatrix}$$

logo:

$$v_B = \begin{bmatrix} \frac{2}{5} & \frac{1}{5} \\ -\frac{1}{5} & \frac{2}{5} \end{bmatrix} \begin{bmatrix} 4 \\ 7 \end{bmatrix} = \begin{bmatrix} 3 \\ 2 \end{bmatrix}$$

A Figura 1.10-6 mostra que:

$(4,7) = 4e_1 + 7e_2$
$ = 3v_1 + 2v_2$

ou

$(4,7) = 4(1,0) + 7(0,1)$
$ = 3(2,1) + 2(-1,2),$

isto é,

$(4,7) = (4,7)_A = (3,2)_B$

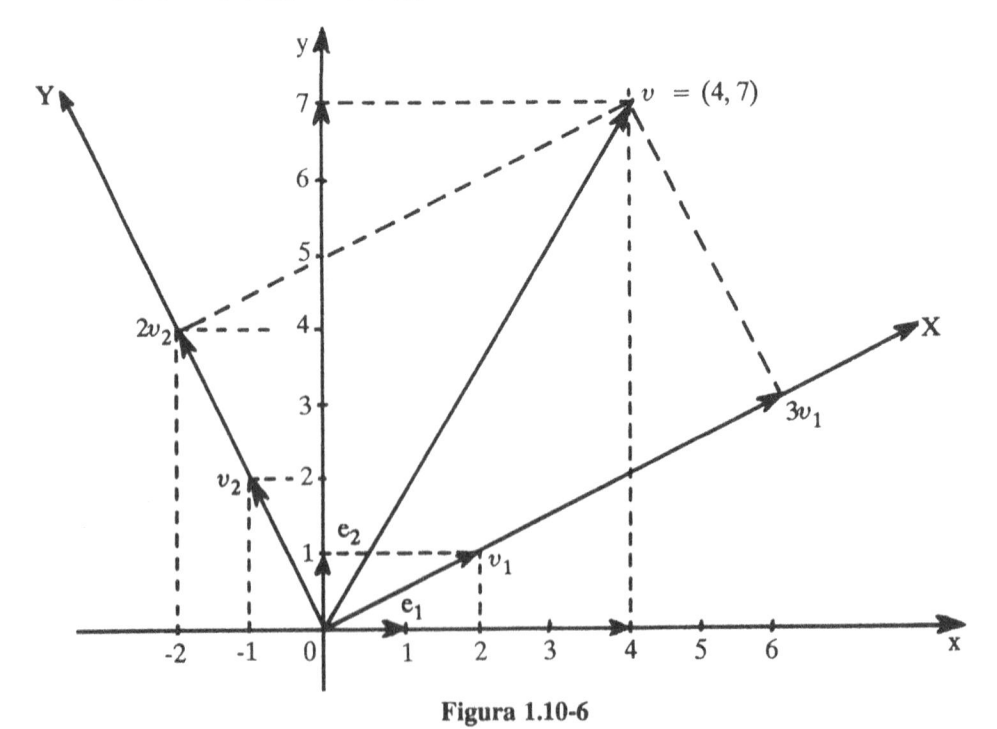

Figura 1.10-6

1.11 — PROBLEMAS PROPOSTOS

Nos problemas de 1 a 4, apresenta-se, em cada um deles, um conjunto com as operações de adição e multiplicação por escalar nele definidas. Verificar quais deles são espaços vetoriais. Para aqueles que não são, citar os axiomas que não se verificam.

1) $\{(x, 2x, 3x); x \in \mathbb{R}\}$ com as operações usuais

2) $\mathbb{R}^2$, com as operações:
$(a, b) + (c, d) = (a, b)$
$\alpha(a, b) = (\alpha a, \alpha b)$

3) $A = \{(x, y) \in \mathbb{R}^2 / y = 5x\}$ com as operações usuais

4) $\mathbb{R}^2$, com as operações:
$(x, y) + (x', y') = (x + x', y + y')$
$\alpha(x, y) = (\alpha x, 0)$

Nos problemas 5 a 8 são apresentados subconjuntos do $\mathbb{R}^2$. Verificar quais deles são subespaços vetoriais do $\mathbb{R}^2$ relativamente às operações usuais de adição e multiplicação por escalar.

5) $S = \{(x, y) / y = -x\}$

6) $S = \{(x, x^2); x \in \mathbb{R}\}$

7) $S = \{(x, y) / x + 3y = 0\}$

8) $S = \{(x, y) / y = x + 1)$

Os problemas 9 a 10 se referem aos vetores $\mu = (2, -3, 2)$ e $v = (-1, 2, 4)$ do $\mathbb{R}^3$.

9) Escrever o vetor $\omega = (7, -11, 2)$ como combinação linear de μ e v

10) Para que valor de k o vetor $v = (-8, 14, \kappa)$ é combinação linear de μ e v?

Os problemas 11 e 12 se referem aos vetores $v_1 = (-1, 2, 1)$, $v_2 = (1, 0, 2)$ e $v_3 = (-2, -1, 0)$ do $\mathbb{R}^3$.

11) Expressar o vetor $\mu = (-8, 4, 1)$ como combinação linear dos vetores v_1, v_2 e v_3

12) Expressar o vetor $v = (0, 2, 3)$ como combinação linear de v_1, v_2 e v_3

13) Dado o conjunto $A = \{v_1 = (-1, 3, -1), v_2 = (1, 2, 4)\} \subset \mathbb{R}^3$, determinar:

a) o subespaço $G(A)$

14) Determinar o subespaço G(A) para A = {(1, -2), (-2, 4)}⊂ $\mathbb{R}^2$ e dizer o que representa geometricamente esse subespaço.

15) Mostrar que os vetores v_1 = (1, 1, 1), v_2 = (0, 1, 1) e v_3 = (0, 0, 1) geram o $\mathbb{R}^3$.

16) Classificar os seguintes subconjuntos do $\mathbb{R}^2$ em LI ou LD:
    a) {(1,3)}
    b) {(1,3), (2,6)}
    c) {(2,-1), (3,5)}
    d) {(1,0), (-1,1), (3,5)}

17) Classificar os seguintes subconjuntos do $\mathbb{R}^3$ em LI ou LD:
    a) {(-2,1,3)}
    b) {(1,-1,1), (-1,1,1)}
    c) {(2,-1,0), (-1,3,0),(3,-4,0)}
    d) {(2,1,3), (0,0,0), (1,5,2)}

18) Verificar quais dos seguintes conjuntos de vetores formam uma base do $\mathbb{R}^2$:
    a) {(1,2), (-1,3)}
    b) {(3,-6), (-4,8)}
    c) {(0,0), (2,3)}
    d) {(3,-1), (2,3)}

19) Verificar quais dos seguintes conjuntos vetores formam uma base do $\mathbb{R}^3$:
    a) {(1,1,-1), (2,-1,0), (3,2,0)}
    b) {(1,0,1), (0,-1,2), (-2,1,-4)}
    c) {(2,1,-1), (-1,0,1), (0,0,1)}
    d) {(1,2,3), (4,1,2)}

Os problemas 20 a 22 se referem às bases do $\mathbb{R}^2$:

A = {(2,-1), (-1,1)}, B = {(1,0), (2,1)}, D = {(1,1), (1,-1)} e G = {(-1,-3), (3,5)}

20) Calcular v_B sabendo que v_A = (4,3)

21) Calcular v_A sabendo que v_B = (7,-1)

22) Calcular v_G sabendo que v_D = (2,3)

23) Sabendo que A = {(1,3), (2,-4)} é base do $\mathbb{R}^2$ e que a matriz M de mudança de base de A para B é:

$$M = \begin{bmatrix} -7 & 6 \\ -11 & 8 \end{bmatrix},$$

determinar a base B.

24) Considerar, no $\mathbb{R}^3$, as bases $A = \{(1, 0, 0), (0, 1, 0), (0, 0, 1)\}$ e $B = \{(1, 0, -1), (0, 1, -1), (-1, 1, 1)\}$.

   a) Determinar a matriz M de mudança de base de A para B;

   b) Calcular v_B sabendo que $v_A = (1,2,3)$

   c) Calcular v_A sabendo que $v_B = (7,-4,6)$

25) Sabendo que $v_B = (3,-2,0)$, calcular v_A, sendo

$$M = \begin{bmatrix} 0 & 1 & 0 \\ 1 & 1 & 0 \\ 1 & 1 & 1 \end{bmatrix}$$

a matriz de mudança de base de A para B.

Os problemas 26 e 27 se referem aos seguintes subespaços do $\mathbb{R}^4$:

$S_1 = \{(a, b, c, d) / a + b + c = 0\}$ e

$S_2 = \{(a, b, c, d) / a - 2b = 0 \text{ e } c = 3d\}$

26) Determinar dim S_1 e uma base de S_1.

27) Determinar dim S_2 e uma base de S_2.

1.11.1 — Respostas dos Problemas Propostos

1) O conjunto é um espaço vetorial.

2) Não é espaço vetorial. Não se verificam os axiomas A_2, A_3 e A_4.

3) O conjunto é um espaço vetorial.

4) Não é espaço vetorial. Não se verifica o axioma M_4.

5) S é subespaço.

6) S não é subespaço.

7) S é subespaço.

8) S não é subespaço.

9) $\omega = 3\mu - v$

10) $\kappa = 12$

11) $\mu = 3v_1 - v_2 + 2v_3$

12) $v = v_1 + v_2 + 0v_3 = v_1 + v_2$

13) a) $G(A) = \{(x,y,z) \in \mathbb{R}^3 / 10x + 3y - z = 0\}$
    b) $\kappa = -13$

14) $\{(x,y) \in \mathbb{R}^2 / y = -2x\}$. O subespaço representa uma reta que passa pela origem.

15) $(x, y, z) = xv_1 + (y-x)v_2 + (z-y)v_3$

16) a) LI;   b) LD;
    c) LI;   d) LD.

17) a) LI;   b) LI;
    c) LD;   d) LD.

18) a), d)

19) a), c)

20) $v_B = (7,-1)$

21) $v_A = (4,3)$

22) $v_G = (7,4)$

23) $B = \{(3,-2), (-2,1)\}$

24) a) $M = \begin{bmatrix} 2 & 1 & 1 \\ -1 & 0 & -1 \\ 1 & 1 & 1 \end{bmatrix}$
    b) $v_B = (7,-4,6)$
    c) $v_A = (1,2,3)$

25) $v_A = (-5,3,2)$

26) dim $S_1 = 3$. Para obter uma base proceder de acordo com a propriedade VI, item 1.8.3.

27) dim $S_2 = 2$. Uma base se obtém do modo indicado no problema 26.

Capítulo 2

ESPAÇOS VETORIAIS EUCLIDIANOS

2.1 — PRODUTO INTERNO EM ESPAÇOS VETORIAIS

Em Geometria Analítica se define o *produto escalar* (*ou produto interno usual*) de dois vetores no $\mathbb{R}^2$ e no $\mathbb{R}^3$ e se estabelecem, por meio desse produto, algumas propriedades geométricas daqueles vetores*. Agora, pretende-se generalizar o conceito de produto interno e, a partir dessa generalização, definir as noções de comprimento ou módulo, distância e ângulo num espaço vetorial V.

Chama-se *produto interno* no espaço vetorial V uma aplicação de V × V em $\mathbb{R}$ que a todo par de vetores $(\mu, v) \in V \times V$ associa um número real, indicado por $\mu \cdot v$ ou por $<\mu, v>$, tal que os seguintes axiomas sejam verificados:

P_1) $\mu \cdot v = v \cdot \mu$

P_2) $\mu \cdot (v + \omega) = \mu \cdot v + \mu \cdot \omega$

P_3) $(\alpha \mu) \cdot v = \alpha (\mu \cdot v)$ para todo número real α

P_4) $\mu \cdot \mu \geq 0$ e $\mu \cdot \mu = 0$ se, e somente se, $\mu = 0$

---

* Ver *Geometria Analítica* (Alfredo Steinbruch e Paulo Winterle) — Editora McGraw-Hill.

- O número real $\mu \cdot v$ é também chamado de *produto interno* dos vetores μ e v.

- Da definição de produto interno decorrem as propriedades:

I) $0 \cdot \mu = \mu \cdot 0 = 0, \forall \mu \in V$

II) $(\mu + v) \cdot \omega = \mu \cdot \omega + v \cdot \omega$

III) $\mu \cdot (\alpha v) = \alpha (\mu \cdot v)$

IV) $\mu \cdot (v_1 + v_2 + ... + v_n) = \mu \cdot v_1 + \mu \cdot v_2 + ... + \mu \cdot v_n$

Exemplos

1) No espaço vetorial $V = \mathbb{R}^2$, a aplicação (função) que associa a cada par de vetores $\mu = (x_1, y_1)$ e $v = (x_2, y_2)$ o número real

$$\mu \cdot v = 2x_1x_2 + 5y_1y_2$$

é um produto interno. De fato:

P_1) $\mu \cdot v = 2x_1x_2 + 5y_1y_2$
$ = 2x_2x_1 + 5y_2y_1$
$ = v \cdot \mu$

P_2) Se $\omega = (x_3, y_3)$, então:
$\mu \cdot (v + \omega) = (x_1, y_1) \cdot (x_2 + x_3, y_2 + y_3)$
$ = 2x_1 (x_2 + x_3) + 5y_1 (y_2 + y_3)$
$ = (2x_1x_2 + 5y_1y_2) + (2x_1x_3 + 5y_1y_3)$
$ = \mu \cdot v + \mu \cdot \omega$

P_3) $(\alpha \mu) \cdot v = (\alpha x_1, \alpha y_1) \cdot (x_2, y_2)$
$ = 2 (\alpha x_1)x_2 + 5 (\alpha y_1) y_2$
$ = \alpha(2x_1x_2 + 5y_1y_2)$
$ = \alpha(\mu \cdot v)$

P_4) $\mu \cdot \mu = 2x_1x_1 + 5y_1y_1 = 2x_1^2 + 5y_1^2 \geq 0$ e $\mu \cdot \mu = 2x_1^2 + 5y_1^2 = 0$ se, e somente se, $x_1 = y_1 = 0$, isto é, se $\mu = (0, 0) = 0$.

• O produto interno examinado neste exemplo é diferente do produto interno usual no $\mathbb{R}^2$; este seria definido por:

$$\mu \cdot v = x_1x_2 + y_1y_2$$

Daí se depreende ser possível a existência de mais um produto interno num mesmo espaço vetorial.

2) Se $\mu = (x_1, y_1, z_1)$ e $v = (x_2, y_2, z_2)$ são vetores quaisquer do $\mathbb{R}^3$, o número real

$$\mu \cdot v = x_1x_2 + y_1y_2 + z_1z_2$$

define o produto interno usual no $\mathbb{R}^3$.

De forma análoga, se $\mu = (x_1, x_2, ..., x_n)$ e $v = (y_1, y_2, ..., y_n)$, o número real

$$\mu \cdot v = x_1y_1 + x_2y_2 + ... + x_ny_n$$

define o poduto interno usual no $\mathbb{R}^n$

2.1.1 — Problemas Resolvidos

1) Em relação ao produto interno usual do $\mathbb{R}^2$, calcular $\mu \cdot v$, sendo:

a) $\mu = (-2, 6)$ e $v = (3, -4)$

b) $\mu = (4, 8)$ e $v = (0, 0)$

Solução

a) $\mu \cdot v = -2(3) + 6(-4) = -6 - 24 = -30$

b) $\mu \cdot v = 4(0) + 8(0) = 0 + 0 = 0$

2) Em relação ao produto interno $\mu \cdot v = 2x_1x_2 + 5y_1y_2$, calcular $\mu \cdot v$ para $\mu = (2, 1)$ e $v = (3, -2)$

Solução

$\mu \cdot v = 2(2)(3) + 5(1)(-2) = 12 - 10 = 2$

3) Sejam $v_1 = (1, 2, -3)$, $v_2 = (3, -1, -1)$ e $v_3 = (2, -2, 0)$ do $\mathbb{R}^3$. Considerando esse espaço munido do produto interno usual, determinar o vetor μ tal que $\mu \cdot v_1 = 4$, $\mu \cdot v_2 = 6$ e $\mu \cdot v_3 = 2$.

Solução

Se $\mu = (x, y, z)$, então:

$(x, y, z) \cdot (1, 2, -3) = 4$

$(x, y, z) \cdot (3, -1, -1) = 6$

$(x, y, z) \cdot (2, -2, 0) = 2$

Efetuando os produtos internos indicados, obtém-se o sistema

$$\begin{cases} x + 2y - 3z = 4 \\ 3x - y - z = 6 \\ 2x - 2y = 2 \end{cases}$$

cuja solução é $x = 3$, $y = 2$ e $z = 1$. Logo, $\mu = (3, 2, 1)$.

2.2 — ESPAÇO VETORIAL EUCLIDIANO

Um espaço vetorial real, de dimensão finita, no qual está definido um produto interno, é um *espaço vetorial euclidiano*. Neste capítulo serão considerados somente espaços vetoriais euclidianos.

2.3 – MÓDULO DE UM VETOR

Dado um vetor v de um espaço vetorial euclidiano V, chama-se *módulo, norma* ou *comprimento* de v o número real não-negativo, indicado por $|v|$, definido por:

$$|v| = \sqrt{v \cdot v}$$

Assim, se $v = (x_1, y_1, z_1)$ for um vetor do $\mathbb{R}^3$ com produto interno usual, tem-se:

$$|v| = \sqrt{(x_1, y_1, z_1) \cdot (x_1, y_1, z_1)} = \sqrt{x_1^2 + y_1^2 + z_1^2}$$

Se $|v| = 1$, isto é, se $v \cdot v = 1$, o vetor v é chamado vetor unitário.

Dado um vetor não-nulo $v \in V$, o vetor

$$\frac{1}{|v|} \times v = \frac{v}{|v|}$$

é um vetor unitário. De fato:

$$\frac{v}{|v|} \cdot \frac{v}{|v|} = \frac{v \cdot v}{|v|^2} = \frac{|v|^2}{|v|^2} = 1$$

Portanto, $\frac{v}{|v|}$ é unitário. Diz-se, nesse caso, que o vetor v foi *normalizado*.

2.3.1 – Problemas Resolvidos

1) Dado o vetor $v = (-2, 1, 2) \in \mathbb{R}^3$, calcular o módulo de v e normalizar v, considerando que:

a) $\mathbb{R}^3$ está munido do produto interno usual;

b) em $\mathbb{R}^3$ está definido o produto interno $v_1 \cdot v_2 = 3x_1x_2 + 2y_1y_2 + z_1z_2$, sendo $v_1 = (x_1, y_1, z_1)$ e $v_2 = (x_2, y_2, z_2)$.

Solução

a) $|v| = \sqrt{(-2, 1, 2) \cdot (-2, 1, 2)} = \sqrt{(-2)^2 + 1^2 + 2^2}$
$= \sqrt{4 + 1 + 4} = \sqrt{9} = 3$

$$\frac{v}{|v|} = \frac{(-2, 1, 2)}{3} = (-\frac{2}{3}, \frac{1}{3}, \frac{2}{3})$$

b) $|v| = \sqrt{(-2, 1, 2) \cdot (-2, 1, 2)} = \sqrt{3(-2)^2 + 2(1)^2 + 2^2}$
$= \sqrt{12 + 2 + 4} = \sqrt{18}$

$$\frac{v}{|v|} = \frac{(-2, 1, 2)}{\sqrt{18}} = (-\frac{2}{\sqrt{18}}, \frac{1}{\sqrt{18}}, \frac{2}{\sqrt{18}})$$

É importante observar que o módulo de v depende do produto interno utilizado: se o produto interno muda, o módulo se modifica. Por outro lado, os dois vetores $\frac{v}{|v|}$ obtidos em a) e b), a partir de v, são unitários em relação ao respectivo produto interno.

2) Dado o espaço vetorial $V = \mathbb{R}^3$, munido do produto interno usual, calcular a componente m do vetor $v = (6, -3, m)$ de modo que $|v| = 7$.

Solução

$$|v| = \sqrt{6^2 + (-3)^2 + m^2} = 7$$
$$\sqrt{36 + 9 + m^2} = 7$$
$$36 + 9 + m^2 = 49$$
$$m^2 = 4$$
$$m = \pm 2$$

2.3.2 — Propriedades do Módulo de um Vetor

Seja V um espaço vetorial euclidiano.

I) $|v| \geq 0$, $\forall\ v \in V$ e $|v| = 0$ se, e somente se, $v = 0$

Esta propriedade é uma conseqüência de P_4.

II) $|\alpha v| = |\alpha|\,|v|$, $\forall\ v \in V$, $\forall\ \alpha \in \mathbb{R}$. De fato:

$|\alpha v| = \sqrt{(\alpha v)\cdot(\alpha v)} = \sqrt{\alpha^2(v.v)} = |\alpha|\sqrt{v.v} = |\alpha|\,|v|$

III) $|\mu \cdot v| \leq |\mu|\,|v|$, $\forall\ \mu, v \in V$. De fato:

a) Se $\mu = 0$ ou $v = 0$, vale a igualdade $|\mu \cdot v| = |\mu|\,|v| = 0$

b) Se nem μ nem v são nulos, para qualquer $\alpha \in \mathbb{R}$, vale a desigualdade:

$(\mu + \alpha v)(\mu + \alpha v) \geq 0$ pelo axioma P_4

ou

$\mu \cdot \mu + \mu \cdot (\alpha v) + (\alpha v) \cdot \mu + \alpha^2(v \cdot v) \geq 0$

ou ainda

$|v|^2 \alpha^2 + 2(\mu \cdot v)\alpha + |\mu|^2 \geq 0$

Tendo em vista que o primeiro membro dessa igualdade é um trinômio do 2º grau em α ($|v|^2 > 0$) que deve ser positivo ou nulo para qualquer valor de α, o discriminante do trinômio deve ser negativo ou nulo:

$(2\mu . v)^2 - 4\,|v|^2\,|\mu|^2 \leq 0$

$4(\mu . v)^2 - 4\,|\mu|^2\,|v|^2 \leq 0$

$(\mu \cdot v)^2 - |\mu|^2\,|v|^2 \leq 0$

mas

$$(\mu.v)^2 = |\mu.v|^2$$

logo:

$$|\mu.v|^2 - |\mu|^2 |v|^2 \leq 0$$

e

$$|\mu.v| \leq |\mu| |v|$$

Essa desigualdade é conhecida com o nome de *Desigualdade de Schwarz* ou *Inequação de Cauchy-Schwarz*.

IV) $|\mu + v| \leq |\mu| + |v|, \forall \mu, v \in V$. De fato:

$$|\mu + v| = \sqrt{(\mu + v) \cdot (\mu + v)}$$
$$|\mu + v| = \sqrt{\mu \cdot \mu + 2(\mu \cdot v) + v \cdot v}$$
$$|\mu + v|^2 = |\mu|^2 + 2(\mu.v) + |v|^2$$

mas,

$$\mu \cdot v \leq |\mu \cdot v| \leq |\mu| |v|$$

logo:

$$|\mu + v|^2 \leq |\mu|^2 + 2|\mu| |v| + |v|^2$$

ou

$$|\mu + v|^2 \leq (|\mu| + |v|)^2$$

ou, ainda

$$|\mu + v| \leq |\mu| + |v|$$

Essa desigualdade, denominada *desigualdade triangular*, vista no $\mathbb{R}^2$ ou no $\mathbb{R}^3$, confirma a propriedade geométrica segundo a qual, num triângulo, a soma dos comprimentos de dois lados é maior do que o comprimento do terceiro lado (Fig. 2.3.2).

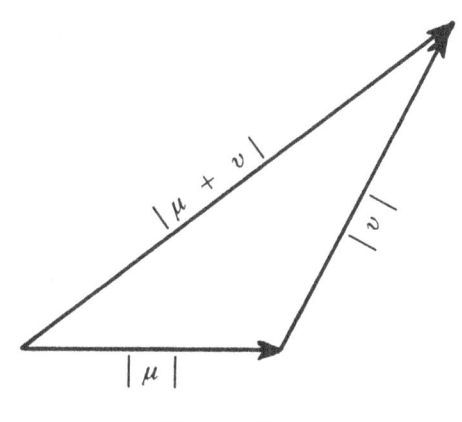

Figura 2.3.2

A igualdade somente ocorre quando os dois vetores μ e v são colineares.

2.4 – ÂNGULO DE DOIS VETORES

Dados dois vetores μ e v não nulos, de um espaço vetorial V, a desigualdade de Schwarz $|\mu.v| \leq |\mu| \, |v|$ pode ser escrita assim:

$$\frac{|\mu \cdot v|}{|\mu| \, |v|} \leq 1$$

ou

$$\left| \frac{\mu . v}{|\mu| \, |v|} \right| \leq 1$$

o que implica:

$$-1 \leq \frac{\mu \cdot v}{|\mu||v|} \leq 1$$

Por esse motivo, pode-se dizer que a fração

$$\frac{\mu \cdot v}{|\mu||v|}$$

é igual ao co-seno de um ângulo θ, denominado *ângulo dos vetores* μ e v:

$$\cos \theta = \frac{\mu \cdot v}{|\mu||v|}, \qquad 0 \leq \theta \leq \pi$$

2.4.1 — Problemas Resolvidos

Nos problemas 1 e 2, considerando o produto interno usual no $\mathbb{R}^3$ e no $\mathbb{R}^4$ respectivamente, calcular o ângulo entre os vetores dados em cada um deles.

1) $\mu = (2,1,-5)$ e $v = (5,0,2)$

Solução

$$|\mu| = \sqrt{2^2 + 1^2 + (-5)^2} = \sqrt{4 + 1 + 25} = \sqrt{30}$$
$$|v| = \sqrt{5^2 + 0^2 + 2^2} = \sqrt{25 + 0 + 4} = \sqrt{29}$$
$$\mu \cdot v = 2(5) + 1(0) - 5(2) = 10 + 0 - 10 = 0$$
$$\cos \theta = \frac{\mu \cdot v}{|\mu||v|} = \frac{0}{\sqrt{30} \times \sqrt{29}} = 0 \quad \therefore \theta = \frac{\pi}{2}$$

2) $\mu = (1,-1,2,3)$ e $v = (2,0,1,-2)$

Solução

$$|\mu| = \sqrt{1^2 + (-1)^2 + 2^2 + 3^2} = \sqrt{1 + 1 + 4 + 9} = \sqrt{15}$$
$$|v| = \sqrt{2^2 + 0^2 + 1^2 + (-2)^2} = \sqrt{4 + 0 + 1 + 4} = \sqrt{9} = 3$$
$$\mu \cdot v = 1(2) - 1(0) + 2(1) + 3(-2) = 2 - 0 + 2 - 6 = -2$$

$$\cos \theta = \frac{\mu \cdot v}{|\mu||v|} = \frac{-2}{\sqrt{15} \times 3} \quad \therefore \theta = \arccos\left(-\frac{2}{3\sqrt{15}}\right)$$

3) Sendo V um espaço vetorial euclidiano e $\mu, v \in V$, calcular o co-seno do ângulo entre os vetores μ e v, sabendo que $|\mu| = 3$, $|v| = 7$ e $|\mu + v| = 4\sqrt{5}$.

Solução

$$\begin{aligned}
|\mu + v| &= \sqrt{(\mu + v) \cdot (\mu + v)} \\
|\mu + v|^2 &= |\mu|^2 + 2\mu \cdot v + |v|^2 \\
(4\sqrt{5})^2 &= 3^2 + 2\mu \cdot v + 7^2 \\
80 &= 9 + 2\mu \cdot v + 49 \\
2\mu \cdot v &= 80 - 58 \\
2\mu \cdot v &= 22 \\
\mu \cdot v &= 11
\end{aligned}$$

$$\cos \theta = \frac{\mu \cdot v}{|\mu||v|} = \frac{11}{3 \times 7} = \frac{11}{21} \cong 0{,}5238$$

4) No espaço vetorial das matrizes quadradas $V = M_2$, dadas duas matrizes quaisquer

$$\mu = \begin{bmatrix} a_1 & b_1 \\ c_1 & d_1 \end{bmatrix} \quad e \quad v = \begin{bmatrix} a_2 & b_2 \\ c_2 & d_2 \end{bmatrix}, \text{ o número real}$$

$$\mu \cdot v = a_1 a_2 + b_1 b_2 + c_1 c_2 + d_1 d_2$$

define um produto interno em M_2.

Sabendo que: $\mu = \begin{bmatrix} 1 & 2 \\ -1 & 1 \end{bmatrix}$ e $v = \begin{bmatrix} 0 & 2 \\ 1 & 1 \end{bmatrix}$,

calcular:

a) $|\mu + v|$

b) o ângulo entre μ e v

Solução

a) $\omega = \mu + v = \begin{bmatrix} 1 & 2 \\ -1 & 1 \end{bmatrix} + \begin{bmatrix} 0 & 2 \\ 1 & 1 \end{bmatrix} = \begin{bmatrix} 1 & 4 \\ 0 & 2 \end{bmatrix}$

$|\omega| = \sqrt{\omega \cdot \omega} = \sqrt{1^2 + 4^2 + 0^2 + 2^2} = \sqrt{1 + 16 + 0 + 4} =$
$= \sqrt{21} = |u + v|$

b) $|\mu| = \sqrt{\mu \cdot \mu} = \sqrt{1^2 + 2^2 + (-1)^2 + 1^2} = \sqrt{1 + 4 + 1 + 1} = \sqrt{7}$

$|v| = \sqrt{v \cdot v} = \sqrt{0^2 + 2^2 + 1^2 + 1^2} = \sqrt{0 + 4 + 1 + 1} = \sqrt{6}$

$\mu \cdot v = 1(0) + 2(2) - 1(1) + 1(1) = 0 + 4 - 1 + 1 = 4$

$\cos \theta = \dfrac{\mu \cdot v}{|\mu||v|} = \dfrac{4}{\sqrt{7} \times \sqrt{6}} = \dfrac{4}{\sqrt{42}} \quad \therefore \theta = \arccos \dfrac{4}{\sqrt{42}}$

2.5 — DISTÂNCIA ENTRE DOIS VETORES

Chama-se *distância* entre dois vetores (ou pontos) μ e v, o número real, representado por d (μ,v), definido por:

d $(\mu,v) = |\mu - v|$

Se $\mu = (x_1, y_1)$ e $v = (x_2, y_2)$ são vetores (ou pontos) do $\mathbb{R}^2$, com produto interno usual, tem-se:

d $(\mu, v) = |\mu - v| = |(x_1 - x_2, y_1 - y_2)|$

ou:

d $(\mu, v) = \sqrt{(x_1 - x_2)^2 + (y_1 - y_2)^2}$

Exemplo

Calcular a distância entre os vetores (ou pontos) $\mu = (9,5)$ e $v = (4,2)$.

Solução

$$d(\mu,v) = \sqrt{(9-4)^2 + (5-2)^2} = \sqrt{5^2 + 3^2} = \sqrt{25+9} =$$
$$= \sqrt{34} \cong 5,83$$

2.6 — VETORES ORTOGONAIS

Dado um espaço vetorial euclidiano V, diz-se que dois vetores μ e v de V são *ortogonais*, e se representa por $\mu \perp v$, se, e somente se, $\mu \cdot v = 0$.

- O vetor $0 \in V$ é ortogonal a qualquer vetor $v \in V$: $0 \cdot v = 0$
- Se $\mu \perp v$, então $\alpha \mu \perp v$, para todo $\alpha \in \mathbb{R}$
- Se $\mu_1 \perp v$ e $\mu_2 \perp v$, então $(\mu_1 + \mu_2) \perp v$

Exemplos

1) Os vetores $\mu = (2,7)$ e $v = (-7,2)$ de $\mathbb{R}^2$, munido do produto interno usual, são ortogonais. De fato:

$$\mu \cdot v = 2(-7) + 7(2) = -14 + 14 = 0$$

2) Os vetores $\mu = (-3,2)$ e $v = (4,3)$ são ortogonais no espaço vetorial $V = \mathbb{R}^2$ em relação ao produto interno $(x_1, y_1) \cdot (x_2, y_2) = x_1 x_2 + 2 y_1 y_2$. De fato:

$$\mu \cdot v = -3(4) + 2(2)(3) = -12 + 12 = 0$$

2.7 — CONJUNTO ORTOGONAL DE VETORES

Dado um espaço vetorial euclidiano V, diz-se que um conjunto de vetores $\{v_1, v_2, ..., v_n\} \subset V$ é *ortogonal*, se dois vetores quaisquer, distintos, são ortogonais, isto é, $v_i \cdot v_j = 0$ para $i \neq j$. *Exemplo*:

No $\mathbb{R}^3$, o conjunto $\{(1,2,-3), (3,0,1), (1,-5,-3)\}$ é ortogonal em relação ao produto interno usual. De fato:

$(1,2,-3) \cdot (3,0,1) = 1(3) + 2(0) - 3(1) = 3 + 0 - 3 = 0$

$(1,2,-3) \cdot (1,-5,-3) = 1(1) + 2(-5) - 3(-3) = 1 - 10 + 9 = 0$

$(3,0,1) \cdot (1,-5,-3) = 3(1) + 0(-5) + 1(-3) = 3 + 0 - 3 = 0$

2.7.1 — Conjunto Ortogonal e Independência Linear

Um conjunto ortogonal de vetores não-nulos $A = \{v_1, v_2, ..., v_n\}$ de um espaço vetorial euclidiano V é linearmente independente (LI). De fato, efetuando, em ambos os membros da igualdade

$$a_1 v_1 + a_2 v_2 + ... + a_n v_n = 0$$

o produto interno por v_i, vem:

$$(a_1 v_1 + a_2 v_2 + ... + a_n v_n) \cdot v_i = 0 \cdot v_i$$

ou

$$a_1 (v_1 \cdot v_i) + ... + a_i (v_i \cdot v_i) + ... + a_n (v_n \cdot v_i) = 0$$

Tendo em vista que A é ortogonal, $v_j \cdot v_i = 0$ para $j \neq i$, e $v_i \cdot v_i \neq 0$, pois $v_i \neq 0$:

$$a_1 (0) + ... + a_i (v_i \cdot v_i) + ... + a_n (0) = 0,$$

ou

$$a_i (v_i \cdot v_i) = 0,$$

o que implica $a_i = 0$ para $i = 1, 2, ..., n$. Logo, $A = \{v_1, v_2, ..., v_n\}$ é LI.

2.8 — BASE ORTOGONAL

Uma base B = $\{v_1, v_2, ..., v_n\}$ de um espaço vetorial euclidiano V é *ortogonal* se os seus vetores são dois a dois ortogonais.

Considerando o que foi visto no item anterior, se dim V = n, qualquer conjunto de n vetores não-nulos e dois a dois ortogonais, constitui uma *base ortogonal*. O conjunto B = {(1,2,-3), (3,0,1), (1,-5,-3)}, apresentado como exemplo em 2.7, é uma base ortogonal do $\mathbb{R}^3$.

2.8.1 — Base Ortonormal

Uma base B = $\{v_1, v_2, ..., v_n\}$ de um espaço vetorial euclidiano V é *ortonormal* se B é ortogonal e todos os seus vetores são unitários, isto é:

$$v_i \cdot v_j = \begin{cases} 0 \text{ para } i \neq j \\ 1 \text{ para } i = j \end{cases}$$

Exemplos

1) As bases canônicas {(1,0), (0,1)} do $\mathbb{R}^2$, {(1,0,0), (0,1,0), (0,0,1)} do $\mathbb{R}^3$ e {(1,0,0,...,0), (0,1,0,...,0),...,(0,0,0,...,1)} do $\mathbb{R}^n$ são bases ortonormais desses espaços em relação ao produto interno usual.

2) A base B = $\left\{ v_1 = (\frac{\sqrt{3}}{2}, \frac{1}{2}), v_2 = (-\frac{1}{2}, \frac{\sqrt{3}}{2}) \right\}$ do $\mathbb{R}^2$ é ortonormal em relação ao produto interno usual. De fato:

$$v_1 \cdot v_2 = \frac{\sqrt{3}}{2}(-\frac{1}{2}) + \frac{1}{2}(\frac{\sqrt{3}}{2}) = -\frac{\sqrt{3}}{4} + \frac{\sqrt{3}}{4} = 0$$

$$v_1 \cdot v_1 = \frac{\sqrt{3}}{2}(\frac{\sqrt{3}}{2}) + \frac{1}{2}(\frac{1}{2}) = \frac{3}{4} + \frac{1}{4} = \frac{4}{4} = 1$$

$$v_2 \cdot v_2 = -\frac{1}{2}(-\frac{1}{2}) + \frac{\sqrt{3}}{2}(\frac{\sqrt{3}}{2}) = \frac{1}{4} + \frac{3}{4} = \frac{4}{4} = 1$$

3) Uma base ortonormal sempre pode ser obtida de uma base ortogonal normalizando cada um de seus vetores. Assim, da base ortogonal B = $\{v_1 = (1,2,-3), v_2 = (3,0,1), v_3 = (1,-5,-3)\}$ do $\mathbb{R}^3$, relativamente ao produto interno usual, pode-se obter a base ortonormal B' = $\{\mu_1, \mu_2, \mu_3\}$, sendo:

$$\mu_1 = \frac{v_1}{|v_1|} = \frac{(1, 2, -3)}{\sqrt{1^2 + 2^2 + (-3)^2}} = \frac{(1, 2, -3)}{\sqrt{1 + 4 + 9}} =$$

$$= (\frac{1}{\sqrt{14}}, \frac{2}{\sqrt{14}}, \frac{-3}{\sqrt{14}})$$

$$\mu_2 = \frac{v_2}{|v_2|} = \frac{(3, 0, 1)}{\sqrt{3^2 + 0^2 + 1^2}} = \frac{(3, 0, 1)}{\sqrt{9 + 0 + 1}} = (\frac{3}{\sqrt{10}}, 0, \frac{1}{\sqrt{10}})$$

$$\mu_3 = \frac{v_3}{|v_3|} = \frac{(1, -5, -3)}{\sqrt{1^2 + (-5)^2 + (-3)^2}} = \frac{(1, -5, -3)}{\sqrt{1 + 25 + 9}} =$$

$$= (\frac{1}{\sqrt{35}}, \frac{-5}{\sqrt{35}}, \frac{-3}{\sqrt{35}})$$

O leitor poderá verificar que:

$$\mu_1 \cdot \mu_2 = \mu_1 \cdot \mu_3 = \mu_2 \cdot \mu_3 = 0$$

$$\mu_1 \cdot \mu_1 = \mu_2 \cdot \mu_2 = \mu_3 \cdot \mu_3 = 1$$

2.8.2 – Processo de Ortogonalização de Gram-Schmidt

Dado um espaço vetorial euclidiano V e uma base não ortogonal A = $\{v_1, v_2, ..., v_n\}$ desse espaço, é possível, a partir dessa base, determinar uma base ortogonal B de V.

De fato, sabendo que $v_1, v_2, ..., v_n$ não são ortogonais, considere-se

$$\omega_1 = v_1 \tag{1}$$

$$(v_2 - \alpha\,\omega_1) \cdot \omega_1 = 0$$

$$v_2 \cdot \omega_1 - \alpha(\omega_1 \cdot \omega_1) = 0$$

$$\alpha = \frac{v_2 \cdot \omega_1}{\omega_1 \cdot \omega_1}, \text{ isto é,}$$

$$\omega_2 = v_2 - \left(\frac{v_2 \cdot \omega_1}{\omega_1 \cdot \omega_1}\right) \omega_1 \qquad (2)$$

Assim, os vetores ω_1 e ω_2 são ortogonais.

Considere-se o vetor $\omega_3 = v_3 - a_2\,\omega_2 - a_1\,\omega_1$ e determinem-se os valores de a_2 e a_1 de maneira que o vetor ω_3 seja ortogonal aos vetores ω_1 e ω_2:

$$\begin{cases} (v_3 - a_2\,\omega_2 - a_1\,\omega_1) \cdot \omega_1 = 0 \\ (v_3 - a_2\,\omega_2 - a_1\,\omega_1) \cdot \omega_2 = 0 \end{cases}$$

$$\begin{cases} v_3 \cdot \omega_1 - a_2(\omega_2 \cdot \omega_1) - a_1(\omega_1 \cdot \omega_1) = 0 \\ v_3 \cdot \omega_2 - a_2(\omega_2 \cdot \omega_2) - a_1(\omega_1 \cdot \omega_2) = 0 \end{cases}$$

Tendo em vista que $\omega_2 \cdot \omega_1 = \omega_1 \cdot \omega_2 = 0$, vem:

$$\begin{cases} v_3 \cdot \omega_1 - a_1(\omega_1 \cdot \omega_1) = 0 \\ v_3 \cdot \omega_2 - a_2(\omega_2 \cdot \omega_2) = 0 \end{cases}$$

e

$$a_1 = \frac{v_3 \cdot \omega_1}{\omega_1 \cdot \omega_1}; \qquad a_2 = \frac{v_3 \cdot \omega_2}{\omega_2 \cdot \omega_2}, \text{ isto é,}$$

$$\omega_3 = v_3 - \left(\frac{v_3 \cdot \omega_2}{\omega_2 \cdot \omega_2}\right) \omega_2 - \left(\frac{v_3 \cdot \omega_1}{\omega_1 \cdot \omega_1}\right) \omega_1 \qquad (3)$$

Assim, os vetores ω_1, ω_2 e ω_3 são ortogonais. Procedendo-se de modo análogo, obtém-se os demais vetores ortogonais da base B sendo

$$\omega_i = v_i - \left(\frac{v_i \cdot \omega_{i-1}}{\omega_{i-1} \cdot \omega_{i-1}}\right)\omega_{i-1} - \left(\frac{v_i \cdot \omega_{i-2}}{\omega_{i-2} \cdot \omega_{i-2}}\right)\omega_{i-2} -$$

$$- \left(\frac{v_i \cdot \omega_{i-3}}{\omega_{i-3} \cdot \omega_{i-3}}\right)\omega_{i-3} \ldots \qquad (4)$$

a fórmula que permite calcular qualquer vetor $\omega_i \in B$, i variando de 1 a n. Assinale-se que, em (4), se i = 3, se obtém (3); se i = 2 se obtém (2) e se i = 1, se obtém (1).

Assim, a partir da base não ortogonal $A = \{v_1, v_2, \ldots, v_n\}$ se obteve a base ortogonal $B = \{\omega_1, \omega_2, \ldots, \omega_n\}$, como se desejava.

O processo que permite a determinação de uma base ortogonal B a partir de uma base qualquer A chama-se *processo de ortogonalização de Gram-Schmidt*.

• Se se desejar uma base ortonormal $C = \{\mu_1, \mu_2, \ldots, \mu_n\}$ basta normalizar cada vetor ω_i de B. Assim, fazendo $\mu_i = \frac{\omega_i}{|\omega_i|}$, tem-se a base C que é uma base ortonormal obtida por meio da base ortogonal B, a partir da base inicial não-ortogonal A.

Exemplo

Dada a base não-ortogonal, em relação ao produto interno usual,

$$A = \{v_1 = (1,1,1), \quad v_2 = (0,1,1), \quad v_3 = (0,0,1)\},$$

determinar:

a) uma base ortogonal $B = \{\omega_1, \omega_2, \omega_3\}$ pelo processo de ortogonalização de Gram-Schmidt;

b) uma base ortonormal $C = \{\mu_1, \mu_2, \mu_3\}$ normalizando cada vetor ω_i de B.

Solução

a) substituindo em (4), sucessivamente, i por 1, i por 2 e i por 3, pode-se escrever a.1) $\omega_1 = v_1 = (1,1,1)$

a.2) $\omega_2 = v_2 - \left(\dfrac{v_2 \cdot \omega_1}{\omega_1 \cdot \omega_1}\right)\omega_1$

$$\dfrac{v_2 \cdot \omega_1}{\omega_1 \cdot \omega_1} = \dfrac{(0,1,1) \cdot (1,1,1)}{(1,1,1) \cdot (1,1,1)} = \dfrac{0+1+1}{1+1+1} = \dfrac{2}{3}$$

$$\left(\dfrac{v_2 \cdot \omega_1}{\omega_1 \cdot \omega_1}\right)\omega_1 = \dfrac{2}{3}(1,1,1) = \left(\dfrac{2}{3},\dfrac{2}{3},\dfrac{2}{3}\right)$$

$$\omega_2 = (0,1,1) - \left(\dfrac{2}{3},\dfrac{2}{3},\dfrac{2}{3}\right)$$

$$\omega_2 = \left(-\dfrac{2}{3},\dfrac{1}{3},\dfrac{1}{3}\right)$$

a.3) $\omega_3 = v_3 - \left(\dfrac{v_3 \cdot \omega_2}{\omega_2 \cdot \omega_2}\right)\omega_2 - \left(\dfrac{v_3 \cdot \omega_1}{\omega_1 \cdot \omega_1}\right)\omega_1$

$$\dfrac{v_3 \cdot \omega_2}{\omega_2 \cdot \omega_2} = \dfrac{(0,0,1) \cdot \left(-\dfrac{2}{3},\dfrac{1}{3},\dfrac{1}{3}\right)}{\left(-\dfrac{2}{3},\dfrac{1}{3},\dfrac{1}{3}\right) \cdot \left(-\dfrac{2}{3},\dfrac{1}{3},\dfrac{1}{3}\right)} =$$

$$= \dfrac{0+0+\dfrac{1}{3}}{\dfrac{4}{9}+\dfrac{1}{9}+\dfrac{1}{9}} = \dfrac{\dfrac{1}{3}}{\dfrac{6}{9}} = \dfrac{\dfrac{1}{3}}{\dfrac{2}{3}} = \dfrac{1}{2}$$

$$\left(\dfrac{v_3 \cdot \omega_2}{\omega_2 \cdot \omega_2}\right)\omega_2 = \dfrac{1}{2}\left(-\dfrac{2}{3},\dfrac{1}{3},\dfrac{1}{3}\right) = \left(-\dfrac{2}{6},\dfrac{1}{6},\dfrac{1}{6}\right)$$

$$\dfrac{v_3 \cdot \omega_1}{\omega_1 \cdot \omega_1} = \dfrac{(0,0,1) \cdot (1,1,1)}{(1,1,1) \cdot (1,1,1)} = \dfrac{0+0+1}{1+1+1} = \dfrac{1}{3}$$

$$\left(\dfrac{v_3 \cdot \omega_1}{\omega_1 \cdot \omega_1}\right)\omega_1 = \dfrac{1}{3}(1,1,1) = \left(\dfrac{1}{3},\dfrac{1}{3},\dfrac{1}{3}\right)$$

$$\omega_3 = (0,0,1) - \left(-\frac{2}{6}, \frac{1}{6}, \frac{1}{6}\right) - \left(\frac{1}{3}, \frac{1}{3}, \frac{1}{3}\right)$$

$$\omega_3 = \left(\frac{2}{6}, -\frac{1}{6}, \frac{5}{6}\right) - \left(\frac{2}{6}, \frac{2}{6}, \frac{2}{6}\right)$$

$$\omega_3 = \left(0, -\frac{1}{2}, \frac{1}{2}\right)$$

A base $B = \{\omega_1 = (1,1,1), \omega_2 = (-\frac{2}{3}, \frac{1}{3}, \frac{1}{3}), \omega_3 = (0, -\frac{1}{2}, \frac{1}{2})\}$ é base ortogonal obtida a partir da base não ortogonal A.

b.1) $\mu_1 = \dfrac{\omega_1}{|\omega_1|} = \dfrac{(1,1,1)}{\sqrt{1^2+1^2+1^2}} = \dfrac{(1,1,1)}{\sqrt{3}} = \left(\dfrac{1}{\sqrt{3}}, \dfrac{1}{\sqrt{3}}, \dfrac{1}{\sqrt{3}}\right)$

b.2) $\mu_2 = \dfrac{\omega_2}{|\omega_2|} = \dfrac{\left(-\frac{2}{3}, \frac{1}{3}, \frac{1}{3}\right)}{\sqrt{\left(-\frac{2}{3}\right)^2 + \left(\frac{1}{3}\right)^2 + \left(\frac{1}{3}\right)^2}} = \dfrac{\left(-\frac{2}{3}, \frac{1}{3}, \frac{1}{3}\right)}{\sqrt{\frac{4}{9} + \frac{1}{9} + \frac{1}{9}}} =$

$$= \dfrac{\left(-\frac{2}{3}, \frac{1}{3}, \frac{1}{3}\right)}{\frac{\sqrt{6}}{3}} = \left(-\frac{2}{\sqrt{6}}, \frac{1}{\sqrt{6}}, \frac{1}{\sqrt{6}}\right)$$

b.3) $\mu_3 = \dfrac{\omega_3}{|\omega_3|} = \dfrac{\left(0, -\frac{1}{2}, \frac{1}{2}\right)}{\sqrt{0^2 + \left(-\frac{1}{2}\right)^2 + \left(\frac{1}{2}\right)^2}} = \dfrac{\left(0, -\frac{1}{2}, \frac{1}{2}\right)}{\sqrt{0 + \frac{1}{4} + \frac{1}{4}}} =$

$$= \dfrac{\left(0, -\frac{1}{2}, \frac{1}{2}\right)}{\frac{\sqrt{2}}{2}} = \left(0, -\frac{1}{\sqrt{2}}, \frac{1}{\sqrt{2}}\right)$$

A base

$$C = \{\mu_1 = (\frac{1}{\sqrt{3}}, \frac{1}{\sqrt{3}}, \frac{1}{\sqrt{3}}), \quad \mu_2 = (-\frac{2}{\sqrt{6}}, \frac{1}{\sqrt{6}}, \frac{1}{\sqrt{6}}),$$

$$\mu_3 = (0, -\frac{1}{\sqrt{2}}, \frac{1}{\sqrt{2}})\}$$

é base ortonormal. De fato:

$$\mu_1 \cdot \mu_1 = \mu_2 \cdot \mu_2 = \mu_3 \cdot \mu_3 = 1$$

$$\mu_1 \cdot \mu_2 = \mu_1 \cdot \mu_3 = \mu_2 \cdot \mu_3 = 0$$

2.8.3 — PROBLEMAS RESOLVIDOS

1) Calcular o valor de κ para que os vetores $\mu = (5, \kappa, -3)$ e $v = (\kappa, 1, 2)$ sejam ortogonais em relação ao produto interno usual do $\mathbb{R}^3$.

Solução

$$\mu \cdot v = 0$$
$$(5, \kappa, -3) \cdot (\kappa, 1, 2) = 0$$
$$5\kappa + 1\kappa - 6 = 0$$
$$6\kappa = 6$$
$$\kappa = 1$$

2) Dados $V = \mathbb{R}^2$ e o produto interno $(x_1, y_1) \cdot (x_2, y_2) = 2x_1x_2 + 3y_1y_2$, calcular um vetor unitário simultaneamente ortogonal aos vetores $\mu = (1, 2)$ e $v = (2, 4)$.

Solução

Seja $\omega = (x, y)$ tal que $\omega \perp \mu$ e $\omega \perp v$, isto é:

$$\begin{cases} \omega \cdot \mu = 0 \\ \omega \cdot v = 0 \end{cases} \quad \text{ou} \quad \begin{cases} (x, y) \cdot (1, 2) = 0 \\ (x, y) \cdot (2, 4) = 0 \end{cases}$$

Com o produto interno dado obtém-se o sistema

$$\begin{cases} 2x + 6y = 0 \\ 4x + 12y = 0 \end{cases}$$

cuja solução é $x = -3y$.

Logo, $\omega = (-3y, y) = y(-3, 1)$ para $y \in \mathbb{R}$

Portanto, existem infinitos vetores simultaneamente ortogonais a μ e v, porém todos múltiplos de $(-3, 1)$. Para $y = 1$, por exemplo, obtém-se $\omega_1 = (-3, 1)$ que, normalizado, fica:

$$s_1 = \frac{\omega_1}{|\omega_1|} = \frac{(-3, 1)}{\sqrt{2(-3)^2 + 3(1)^2}} = \frac{(-3, 1)}{\sqrt{18 + 3}} = \frac{(-3, 1)}{\sqrt{21}} =$$

$$= (-\frac{3}{\sqrt{21}}, \frac{1}{\sqrt{21}})$$

Assim, o vetor s_1 é um vetor unitário simultaneamente ortogonal aos vetores μ e v, em relação ao produto interno dado.

3) O conjunto $B = \{(1, -1), (2, m)\}$ é uma base ortogonal do $\mathbb{R}^2$ em relação ao produto interno $(x_1, y_1) \cdot (x_2, y_2) = 2x_1x_2 + y_1y_2$.

a) Calcular o valor de m.

b) Determinar, a partir de B, uma base ortonormal.

Solução

a) Tendo em vista que B é ortogonal, tem-se:

$(1, -1) \cdot (2, m) = 0$

$2(1)(2) - 1(m) = 0$

$\quad\quad\quad 4 - m = 0$

$\quad\quad\quad\quad\quad m = 4$

b) Normalizando cada vetor de $B = \{(1, -1), (2, 4)\}$ segundo o produto interno dado, vem:

$$\mu_1 = \frac{(1,-1)}{\sqrt{(1,-1)\cdot(1,-1)}} = \frac{(1,-1)}{\sqrt{2(1)^2+(-1)^2}} = \frac{(1,-1)}{\sqrt{2+1}} =$$

$$= \frac{(1,-1)}{\sqrt{3}} = (\frac{1}{\sqrt{3}}, \frac{-1}{\sqrt{3}})$$

$$\mu_2 = \frac{(2,4)}{\sqrt{(2,4)\cdot(2,4)}} = \frac{(2,4)}{\sqrt{2(2)^2+(4)^2}} = \frac{(2,4)}{\sqrt{8+16}} =$$

$$= \frac{(2,4)}{\sqrt{24}} = \frac{(2,4)}{2\sqrt{6}} = (\frac{1}{\sqrt{6}}, \frac{2}{\sqrt{6}})$$

Logo, B' = $\{\mu_1, \mu_2\}$ é uma base ortonormal do $\mathbb{R}^2$ em relação ao produto interno dado.

2.9 — PROBLEMAS PROPOSTOS

Nos problemas 1 a 4, considerando os vetores $v_1 = (x_1, y_1)$ e $v_2 = (x_2, y_2)$ do espaço vetorial V = $\mathbb{R}^2$, verificar quais das funções $f : V \times V \to \mathbb{R}$, definidas em cada um deles, são produtos internos em V.

1) $f(v_1, v_2) = x_1x_2 + x_1y_2 + x_2y_1 + 2y_1y_2$

2) $f(v_1, v_2) = x_1x_2 - y_1y_2$

3) $f(v_1, v_2) = x_1^2 x_2 + y_1 y_2^2$

4) $f(v_1, v_2) = x_1x_2 + y_1y_2 + 1$

Nos problemas 5 a 8, considerando os vetores $v_1 = (x_1, y_1, z_1)$ e $v_2 = (x_2, y_2, z_2)$ do espaço vetorial V = $\mathbb{R}^3$, verificar quais das funções $f : V \times V \to \mathbb{R}$, definidas em cada um deles, são produtos internos em V. Para aquelas que não são produto interno, citar os axiomas que não se verificam:

5) $f(v_1, v_2) = x_1x_2 + 3y_1y_2$

6) $f(v_1, v_2) = 3x_1x_2 + 5y_1y_2 + 2z_1z_2$

7) $f(v_1, v_2) = 2x_1^2 y_1^2 + 3x_2^2 y_2^2 + z_1^2 z_2$

8) $f(v_1, v_2) = x_1 x_2 + y_1 y_2 + z_1 z_2 - x_2 y_1 - x_1 y_2$

Nos problemas 9 e 10, considerando os vetores $\mu = (x_1, y_1)$ e $v = (x_2, y_2)$, calcular os produtos internos indicados em cada um deles.

9) $\mu \cdot v = x_1 x_2 + y_1 y_2$ para $\mu = (1, -1)$ e $v = (-7, 4)$

10) $\mu \cdot v = 3x_1 x_2 + 4y_1 y_2$ para $\mu = (2, 3)$ e $v = (-5, 3)$

Nos problemas 11 e 12, considerando os vetores $\mu = (x_1, y_1, z_1)$ e $v = (x_2, y_2, z_2)$, calcular os produtos internos indicados em cada um deles.

11) $\mu \cdot v = x_1 x_2 + y_1 y_2 + z_1 z_2$ para $\mu = (6, 4, -2)$ e $v = (2, 3, -5)$

12) $\mu \cdot v = 4x_1 x_2 + 2y_1 y_2 + 6z_1 z_2$ para $\mu = (1, 1, 1)$ e $v = (1, 0, 1)$

Nos problemas 13 e 14, calcular o módulo dos vetores $v \in \mathbb{R}^2$ e $v \in \mathbb{R}^3$ em relação ao produto interno usual.

13) $\mu = (4, 7)$

14) $v = (1, 2, 3)$

Nos problemas 15 e 16, calcular o módulo de cada um dos vetores do $\mathbb{R}^3$, em relação ao produto interno $v_1 \cdot v_2 = 4x_1 x_2 + 2y_1 y_2 + z_1 z_2$, sendo $v_1 = (x_1, y_1, z_1)$ e $v_2 = (x_2, y_2, z_2)$.

15) $v = (3, -1, 4)$

16) $u = (-2, -5, -7)$

17) Normalizar cada um dos vetores dos problemas 13 a 16.

Nos problemas 18 a 20, calcular a distância entre os vetores dados em cada um deles.

18) $\mu = (5, 6)$ e $v = (-10, 7)$

19) $\mu = (-3, 1, 9)$ e $v = (8, 14, 6)$

20) $\mu = (4, 1, 7, 9)$ e $v = (2, -3, -5, -11)$

Nos problemas 21 a 24, considerando o produto interno usual no $\mathbb{R}^2$, no $\mathbb{R}^3$ e no $\mathbb{R}^4$, calcular o ângulo entre os pares de vetores dados em cada um deles.

21) $\mu = (10, -3)$ e $v = (3, 10)$

22) $\mu = (\dfrac{\sqrt{2}}{2}, \dfrac{\sqrt{2}}{2})$ e $v = (\dfrac{\sqrt{3}}{2}, \dfrac{\sqrt{3}}{2})$

23) $\mu = (3, 1, -7)$ e $v = (0, 1, 3)$

24) $\mu = (1, 2, -1, -2)$ e $v = (0, 1, -1, -2)$

25) Dadas duas matrizes quaisquer

$$\mu = \begin{bmatrix} a_1 & b_1 \\ c_1 & d_1 \end{bmatrix} \quad \text{e} \quad v = \begin{bmatrix} a_2 & b_2 \\ c_2 & d_2 \end{bmatrix},$$

do espaço vetorial $V = M_2$, munido do produto interno

$$\mu \cdot v = a_1 a_2 + b_1 b_2 + c_1 c_2 + d_1 d_2,$$

e dados os vetores

$$\mu = \begin{bmatrix} 2 & 1 \\ -2 & 3 \end{bmatrix} \quad \text{e} \quad v = \begin{bmatrix} 2 & 0 \\ 1 & -2 \end{bmatrix},$$

calcular:

a) $|\mu + v|$

b) $d(\mu, v) = |\mu - v|$

c) o ângulo entre μ e v.

26) Considerar, no $\mathbb{R}^3$, o produto interno usual e calcular os valores de m para os quais os vetores μ e v são ortogonais:

a) $\mu = (3m, 2, -m)$ e $v = (-4, 1, 5)$

b) $\mu = (0, m-1, 4)$ e $v = (5, m-1, -1)$

27) Calcular um vetor v simultaneamente ortogonal aos vetores $v_1 = (1, 1, 2)$, $v_2 = (5, 1, 3)$ e $v_3 = (2, -2, -3)$ do espaço vetorial $V = \mathbb{R}^3$ em relação ao produto interno usual.

28) Calcular um vetor unitário μ simultaneamente ortogonal aos vetores $v_1 = (1, -1, 2)$ e $v_2 = (2, 1, 0)$ do espaço vetorial $V = \mathbb{R}^3$ em relação ao produto interno:

$$(x_1, y_1, z_1) \cdot (x_2, y_2, z_2) = 2x_1x_2 + y_1y_2 + 4z_1z_2$$

29) Dado o espaço vetorial $V = M_2$, munido do produto interno definido no problema 25, calcular x de modo que

$$\mu = \begin{bmatrix} 1 & -2 \\ 5 & x \end{bmatrix} \quad \text{e} \quad v = \begin{bmatrix} 3 & 2 \\ 1 & -1 \end{bmatrix}$$

sejam ortogonais.

30) Sendo $V = \mathbb{R}^4$, munido do produto interno usual, determinar um vetor não-nulo $v \in \mathbb{R}^4$, simultaneamente ortogonal a $v_1 = (1, 1, 1, -1)$, $v_2 = (1, 2, 0, 1)$ e $v_3 = (-4, 1, 5, 2)$.

31) O conjunto $B = \{(2, -1), (\kappa, 1)\}$ é uma base ortogonal do $\mathbb{R}^2$ em relação ao produto interno:

$$(x_1, y_1) \cdot (x_2, y_2) = 2x_1x_2 + x_1y_2 + x_2y_1 + y_1y_2$$

Calcular o valor de κ e obter, a partir de B, uma base B' ortonormal.

Nos problemas 32 a 34, é dada, em cada um deles, uma base não-ortogonal A, em relação ao produto interno usual. Determinar, a partir de A:

a) uma base ortogonal B, utilizando o processo de ortogonalização de Gram-Schmidt;

b) uma base ortonormal C, normalizando cada vetor de B.

32) $A = \{v_1 = (3, 4), \ v_2 = (1, 2)\}$

33) $A = \{v_1 = (1, 0, 0), \ v_2 = (0, 1, 1), \ v_3 = (0, 1, 2)\}$

34) $A = \{v_1 = (1, 0, 1), \ v_2 = (1, 0, -1), \ v_3 = (0, 3, 4)\}$

2.9.1 - Respostas ou Roteiros para os Problemas Propostos

1) É produto interno.

2) Não é.

3) Não é

4) Não é.

5) Não é. Não se verifica o axioma P_4.

6) É.

7) Não é. Não se verificam os axiomas P_2 e P_3.

8) É.

9 a 12) Roteiro: Esses problemas são resolvidos de modo análogo ao dos problemas 1 e 2, item 2.1.1.

13 e 14) Roteiro: Esses problemas são resolvidos de modo análogo ao do problema 1, alínea a), 1ª parte, item 2.3.1.

15 e 16) Roteiro: Esses problemas são resolvidos de modo análogo ao do problema 1, alínea b), 1ª parte, item 2.3.1.

17) Roteiro: Esse problema é resolvido de modo análogo ao do problema 1, alíneas a) e b), 2ª parte, item 2.3.1.

18 a 20) Roteiro: Esses problemas são resolvidos de modo análogo ao do Exemplo do item 2.5.

21 a 24) Roteiro: Esses problemas são resolvidos de modo análogo ao dos problemas 1 e 2, item 2.4.

25) Roteiro: Esse problema é resolvido de modo análogo ao do problema 4, item 2.4.

26) a) $m = \dfrac{2}{17}$; b) $m = 3$ ou -1

27) $v = a(1, 7, -4), a \in \mathbb{R}$

28) $\mu = (\dfrac{2}{9}, -\dfrac{8}{9}, -\dfrac{1}{6})$

29) $x = 4$

30) Uma solução: $v = (9, -8, 6, 7)$

31) $\kappa = -\dfrac{1}{3}$ e $B' = \left\{(\dfrac{2}{\sqrt{5}}, -\dfrac{1}{\sqrt{5}}), (-\dfrac{1}{\sqrt{5}}, \dfrac{3}{\sqrt{5}})\right\}$

32) a) $B = \{\omega_1 = (3,4), \omega_2 = (-4,3)\}$

b) $C = \left\{\mu_1 = (\dfrac{3}{5}, \dfrac{4}{5}), \mu_2 = (-\dfrac{4}{5}, \dfrac{3}{5})\right\}$

33) a) $B = \{\omega_1 = (1, 0, 0), \omega_2 = (0, 1, 1), \omega_3 = (0, -1, 1)\}$

b) $C = \left\{\mu_1 = (1, 0, 0), \mu_2 = (0, \dfrac{1}{\sqrt{2}}, \dfrac{1}{\sqrt{2}}), \mu_3 = (0, \dfrac{-1}{\sqrt{2}}, \dfrac{1}{\sqrt{2}})\right\}$

34) a) $B = \{\omega_1 = (1, 0, 1), \omega_2 = (1, 0, -1), \omega_3 = (0, 1, 0)\}$

b) $C = \left\{\mu_1 = (\dfrac{1}{\sqrt{2}}, 0, \dfrac{1}{\sqrt{2}}), \mu_2 = (\dfrac{1}{\sqrt{2}}, 0, \dfrac{-1}{\sqrt{2}}), \mu_3 = (0, 1, 0)\right\}$

Capítulo 3

TRANSFORMAÇÕES LINEARES

3.1 – FUNÇÕES VETORIAIS

Neste Capítulo será estudado um tipo especial de função (ou aplicação) onde o domínio e o contradomínio são espaços vetoriais reais. Assim, tanto a variável independente como a variável dependente são vetores, razão pela qual essas funções são chamadas *funções vetoriais* ou *tranformações vetoriais*.

Para dizer que f é uma transformação do espaço vetorial V no espaço vetorial W, escreve-se $f: V \to W$. Sendo f uma função, cada vetor $v \in V$ tem um só vetor imagem $\omega \in W$, que será indicado por $\omega = f(v)$.

Exemplo

Uma transformação $f: \mathbb{R}^2 \to \mathbb{R}^3$ associa vetores $v = (x, y) \in \mathbb{R}^2$ com vetores $\omega = (a, b, c) \in \mathbb{R}^3$ (Fig. 3.1).

Se a lei que define f é tal que

$$a = 3x, \qquad b = -2y \quad e \quad c = x - y,$$

a imagem de cada vetor (x, y) será representada por

$$f(x, y) = (3x, -2y, x-y).$$

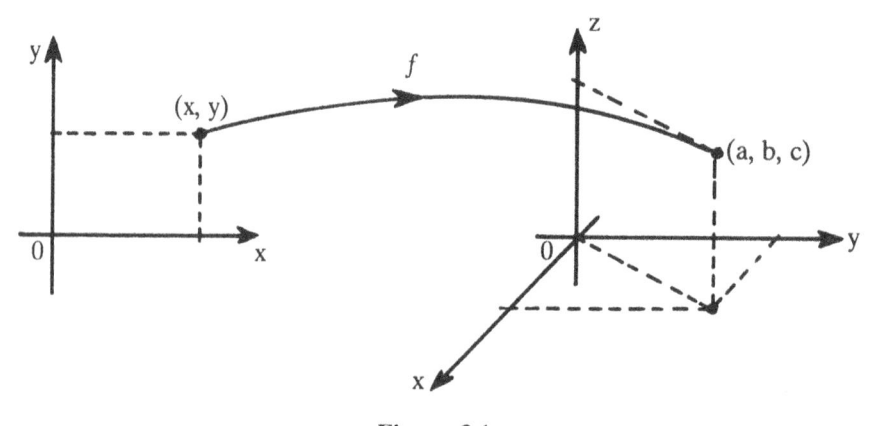

Figura 3.1

No caso de ser $v = (x, y) = (2, 1)$, tem-se:

$\omega = f(2, 1) = (3(2), -2(1), 2-1) = (6, -2, 1)$

3.2 – TRANSFORMAÇÕES LINEARES

Sejam V e W espaços vetoriais. Uma aplicação $f: V \to W$ é chamada *transformação linear de V em W*, se

I) $f(\mu + v) = f(\mu) + f(v)$

II) $f(\alpha \mu) = \alpha f(\mu)$,

para $\forall\, \mu, v \in V$ e $\forall\, \alpha \in \mathbb{R}$.

Observe-se que, em I, $\mu + v \in V$, enquanto $f(\mu) + f(v) \in W$. Do mesmo modo, em II, $\alpha \mu \in V$ e $\alpha f(\mu) \in W$ (Fig. 3.2.a).

• Uma transformação linear de V em V (é o caso de V = W) é chamada *operador linear sobre V*.

Transformações lineares 77

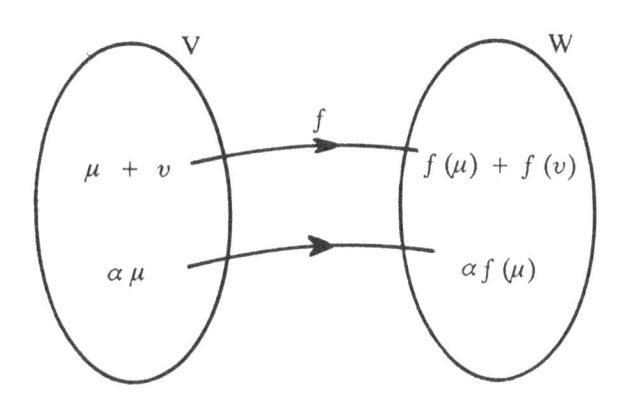

Figura 3.2.a

Exemplos

1) $f: \mathbb{R}^2 \to \mathbb{R}^3, f(x, y) = (3x, -2y, x - y)$ é linear. De fato, se $\mu = (x_1, y_1)$ e $v = (x_2, y_2)$ são vetores genéricos do $\mathbb{R}^2$, tem-se:

I) $f(\mu + v) = f(x_1 + x_2, y_1 + y_2)$
$= (3(x_1 + x_2), -2(y_1 + y_2), (x_1 + x_2) - (y_1 + y_2))$
$= (3x_1 + 3x_2, -2y_1 - 2y_2, x_1 + x_2 - y_1 - y_2)$
$= (3x_1, -2y_1, x_1 - y_1) + (3x_2, -2y_2, x_2 - y_2)$
$= f(\mu) + f(v)$.

II) Para todo $\alpha \in \mathbb{R}$, tem-se:

$f(\alpha \mu) = f(\alpha x_1, \alpha y_1)$
$= (3\alpha x_1, -2\alpha y_1, \alpha x_1 - \alpha y_1)$
$= \alpha (3x_1, -2y_1, x_1 - y_1)$
$= \alpha f(\mu)$.

2) $f: \mathbb{R} \to \mathbb{R}$

$x \mapsto 3x$ ou $f(x) = 3x$ é linear. De fato, se $\mu = x_1$ e $v = x_2$ são vetores quaisquer de $\mathbb{R}$ (os vetores, nesse caso, são números reais), tem-se:

I) $f(\mu + v) = f(x_1 + x_2)$
$= 3(x_1 + x_2)$
$= 3x_1 + 3x_2$
$= f(\mu) + f(v).$

II) $f(\alpha\mu) = f(\alpha x_1)$
$= 3\alpha x_1$
$= \alpha(3x_1)$
$= \alpha f(\mu).$

3) A transformação identidade

   I: $V \to V$

   $v \mapsto v$ ou $I(v) = v$ é linear. De fato:

   I) $I(\mu + v) = \mu + v = I(\mu) + I(v)$

   II) $I(\alpha\mu) = \alpha\mu = \alpha I(\mu)$

4) A transformação nula (ou zero)

   $f: V \to W, f(v) = 0$ é linear (Fig. 3.2. b). De fato:

   I) $f(\mu + v) = 0 = 0 + 0 = f(\mu) + f(v)$

   II) $f(\alpha\mu) = 0 = \alpha 0 = \alpha f(\mu)$

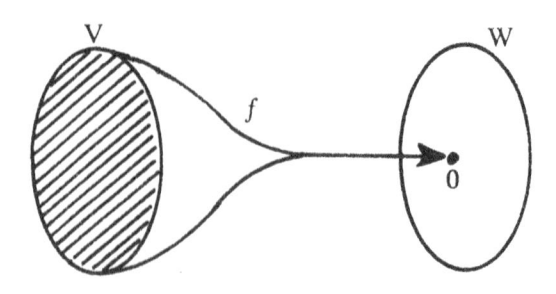

Figura 3.2.b.

5) Seja A uma matriz de ordem 3 × 2. Essa matriz determina a transformação

$$f_A: \mathbb{R}^2 \to \mathbb{R}^3$$

$v \mapsto Av$ ou $f_A(v) = Av$ que é linear. De fato:

I) $f_A(\mu + v) = A(\mu + v) = A\mu + Av = f_A(\mu) + f_A(v)$

II) $f_A(\alpha\mu) = A(\alpha\mu) = \alpha(A\mu) = \alpha f_A(\mu)$

Se, por exemplo, se tiver

$$A_{(3,2)} = \begin{bmatrix} 2 & -1 \\ 3 & 4 \\ 5 & 0 \end{bmatrix} \quad \text{e} \quad v = (x, y) \text{ for considerado um vetor-coluna}$$

$$v_{(2,1)} = \begin{bmatrix} x \\ y \end{bmatrix},$$

o produto Av é

$$\begin{bmatrix} 2 & -1 \\ 3 & 4 \\ 5 & 0 \end{bmatrix} \begin{bmatrix} x \\ y \end{bmatrix} = \begin{bmatrix} 2x - y \\ 3x + 4y \\ 5x \end{bmatrix}$$

e, portanto,

$$f_A(x, y) = (2x - y, 3x + 4y, 5x),$$

o que significa que a matriz $A_{(3,2)}$ determinou a transformação do vetor $v = (x, y) \in \mathbb{R}^2$ no vetor $\omega = (2x - y, 3x + 4y, 5x) \in \mathbb{R}^3$, transformação essa que é linear.

• De forma genérica, toda matriz $A_{(m,n)}$ determina a transformação linear

$$f_A: \mathbb{R}^n \to \mathbb{R}^m$$

onde a imagem $f_A(v)$ é o produto da matriz $A_{(m,n)}$ pelo vetor-coluna $v_{(n,1)}$:

$$A_{(m, n)} \times v_{(n, 1)} = (Av)_{(m, 1)} = f_A(v).$$

Uma transformação linear desse tipo chama-se *multiplicação por A*.

• Em 3.6 se verá o inverso, isto é, toda transformação linear $f: \mathbb{R}^n \to \mathbb{R}^m$ pode ser representada por uma matriz de ordem m × n.

6) A transformação $f: \mathbb{R}^2 \to \mathbb{R}^2, f(x, y) = (x^2, 3y)$ não é linear. De fato, se $\mu = (x_1, y_1)$ e $v = (x_2, y_2)$ são vetores quaisquer do $\mathbb{R}^2$, tem-se:

$$\begin{aligned} f(\mu + v) &= f(x_1 + x_2, y_1 + y_2) = ((x_1 + x_2)^2, 3(y_1 + y_2)) = \\ &= (x_1^2 + 2x_1 x_2 + x_2^2, 3y_1 + 3y_2) \end{aligned}$$

enquanto,

$$f(\mu) + f(v) = (x_1^2, 3y_1) + (x_2^2, 3y_2) = (x_1^2 + x_2^2, 3y_1 + 3y_2),$$

isto é, $f(\mu + v) \neq f(\mu) + f(v)$.

3.2.1 — Interpretação Geométrica

Uma interpretação geométrica do significado de uma transformação linear pode ser dada considerando, por exemplo, o operador linear

$f: \mathbb{R}^2 \to \mathbb{R}^2, f(x,y) = (-3x + y, 2x + 3y)$

Se $\mu = (-1, 1)$ e $v = (0, 1)$, tem-se $f(\mu) = (4, 1)$ e $f(v) = (1, 3)$.

A Fig. 3.2.1.a mostra que, sendo $\mu + v$ a diagonal do paralelogramo determinado por μ e v, sua imagem $f(\mu + v)$ representa a diagonal do paralelogramo determinado por $f(\mu)$ e $f(v)$, isto é, $f(\mu + v) = f(\mu) + f(v)$. Diz-se, nesse caso, que f *preserva a adição de vetores*.

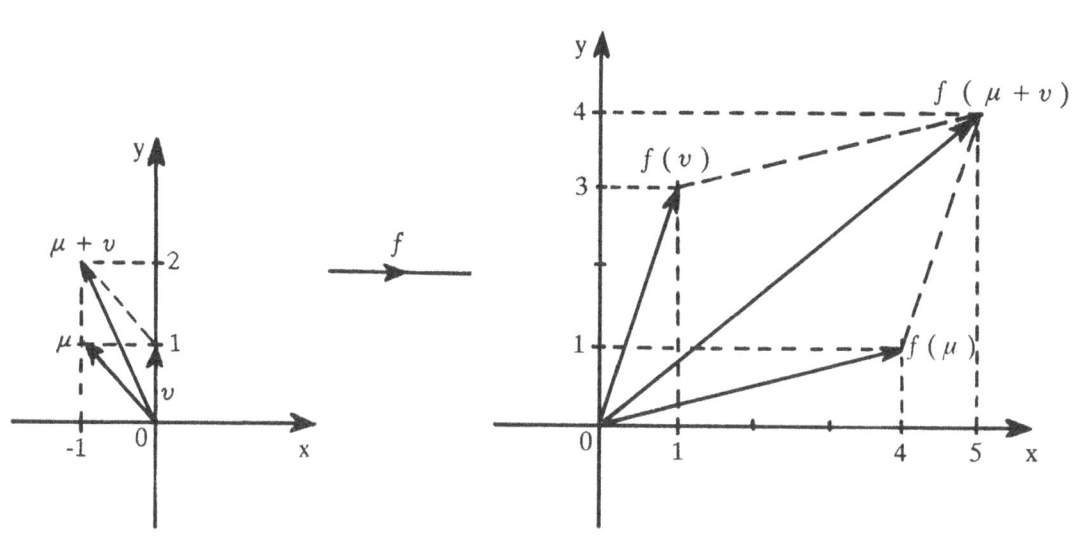

Figura 3.2.1.a

A Fig. 3.2.1 b mostra que, ao se multiplicar o vetor μ por 2, por exemplo, sua imagem $f(\mu)$ também fica multiplicada por 2. Esse fato vale para qualquer α real, isto é, $f(\alpha\mu) = \alpha f(\mu)$. Diz-se, nesse caso, que f *preserva a multiplicação de um vetor por um escalar*.

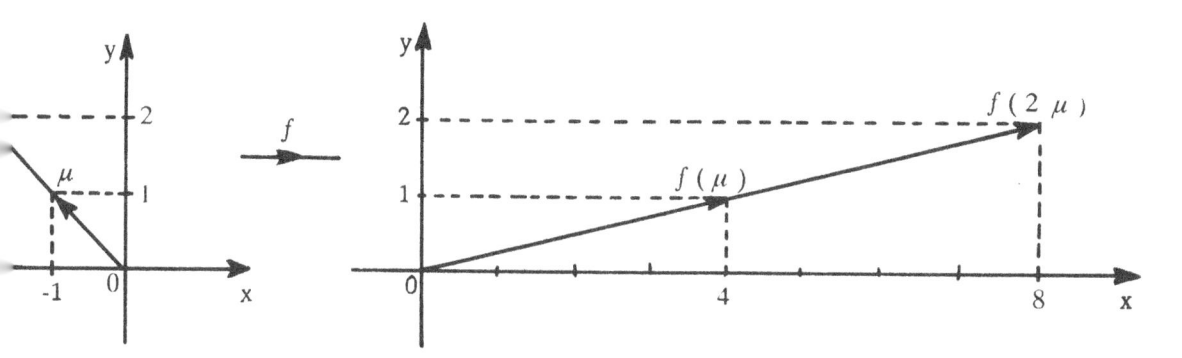

Figura 3.2.1.b

3.2.2 — Propriedades das Transformações Lineares

I) Se $f: V \to W$ é uma transformação linear, a imagem do vetor $0 \in V$ é o vetor $0 \in W$. Esta propriedade decorre da condição II da definição, em 3.2, de transformação linear, para $\alpha = 0$:

$$f(0) = f(0v) = 0f(v) = 0$$

- Nos exemplos 1 e 2, de 3.2, verifica-se que

$$f(0, 0) = (0, 0, 0) \text{ e } f(0) = 0$$

e, em ambos os casos, as transformações são lineares. Entretanto, no exemplo 6 do mesmo item, embora $f(0, 0) = (0, 0)$, a transformação não é linear. Esses exemplos mostram que se $f: V \to W$ é linear, então $f(0) = 0$, mas a recíproca não é verdadeira, isto é, pode existir transformação com $f(0) = 0$ e f não ser linear. Uma conclusão, pois, se impõe: se $f(0) \neq 0$, a transformação não é linear. É o caso, por exemplo, da transformação:

$$f: \mathbb{R}^3 \to \mathbb{R}^2, f(x, y, z) = (2x + 3, 3x + 4z)$$

que não é linear porque:

$$f(0, 0, 0) = (3, 0) \neq 0.$$

II) Se $f: V \to W$ é uma transformação linear, tem-se:

$$f(a_1 v_1 + a_2 v_2) = a_1 f(v_1) + a_2 f(v_2)$$

para $\forall\ v_1, v_2 \in V$ e $\forall\ a_1, a_2 \in \mathbb{R}$, isto é, a imagem de uma combinação linear dos vetores v_1 e v_2 é uma combinação linear das imagens $f(v_1)$ e $f(v_2)$ com os mesmos coeficientes a_1 e a_2. Este fato vale de modo geral:

$$f(a_1 v_1 + \ldots + a_n v_n) = a_1 f(v_1) + \ldots + a_n f(v_n)$$

Se $B = \{v_1, \ldots, v_n\}$ é uma base de V, para todo $v \in V$, $\exists\ a_1, \ldots, a_n \in \mathbb{R}$, tal que

$$v = a_1 v_1 + \ldots + a_n v_n$$

e, portanto,

$$f(v) = a_1 f(v_1) + \ldots + a_n f(v_n),$$

isto é, dado $v \in V$, o vetor $f(v)$ *estará determinado se forem conhecidas as imagens dos vetores de* B. Em outras palavras, sempre que forem dados $f(v_1), \ldots, f(v_n)$, onde $\{v_1, \ldots, v_n\}$ é base do domínio V, a transformação linear f está perfeitamente definida.

3.2.3 – Problemas Resolvidos

1) Seja $f: \mathbb{R}^3 \to \mathbb{R}^2$ uma transformação linear e

$$B = \{v_1 = (0, 1, 0), v_2 = (1, 0, 1), v_3 = (1, 1, 0)\}$$

uma base do $\mathbb{R}^3$. Sabendo que $f(v_1) = (1, -2), f(v_2) = (3, 1)$ e $f(v_3) = (0, 2)$, determinar:

    a) $f(5, 3, -2)$

    b) $f(x, y, z)$

Solução

    a) Expressando o vetor $(5, 3, -2)$ como combinação linear dos vetores da base, vem:

$$(5, 3, -2) = a_1 (0, 1, 0) + a_2 (1, 0, 1) + a_3 (1, 1, 0)$$

ou

$$\begin{cases} a_2 + a_3 = 5 \\ a_1 + a_3 = 3 \\ a_2 = -2, \end{cases}$$

sistema cuja solução é: $a_1 = -4, a_2 = -2$ e $a_3 = 7$. Então,

$$(5, 3, -2) = -4v_1 - 2v_2 + 7v_3$$

Aplicando f, vem:

$$\begin{aligned} f(5, 3, -2) &= -4f(v_1) - 2f(v_2) + 7f(v_3) \\ &= -4(1, -2) - 2(3, 1) + 7(0, 2) \\ &= (-4, 8) + (-6, -2) + (0, 14) \\ &= (-10, 20) \end{aligned}$$

b) Procedendo do mesmo modo com o vetor genérico (x, y, z), tem-se:

$$(x, y, z) = a_1 (0, 1, 0) + a_2 (1, 0, 1) + a_3 (1, 1, 0)$$

ou

$$\begin{cases} a_2 + a_3 = x \\ a_1 + a_3 = y \\ a_2 = z, \end{cases}$$

sistema cuja solução é: $a_1 = -x + y + z$, $a_2 = z$ e $a_3 = x - z$. Então,

$$(x, y, z) = (-x + y + z) v_1 + z v_2 + (x - z) v_3.$$

Aplicando a f, vem:

$$\begin{aligned} f(x, y, z) &= (-x + y + z) f(v_1) + z f(v_2) + (x - z) f(v_3) \\ &= (-x + y + z)(1, -2) + z(3, 1) + (x - z)(0, 2) \\ &= (-x + y + z, 2x - 2y - 2z) + (3z, z) + (0, 2x - 2z) \\ &= (-x + y + 4z, 4x - 2y - 3z) \end{aligned}$$

2) Um operador linear $f: \mathbb{R}^2 \to \mathbb{R}^2$ é definido por $f(1, 0) = (2, -3)$ e $f(0, 1) = (-4, 1)$.

Determinar $f(x, y)$.

Solução

Observando que $\{(1, 0), (0, 1)\}$ é a base canônica do $\mathbb{R}^2$ e que

$(x, y) = x(1, 0) + y(0, 1)$, vem:

$$\begin{aligned}
f(x, y) &= xf(1, 0) + yf(0, 1) \\
&= x(2, -3) + y(-4, 1) \\
&= (2x, -3x) + (-4y, y) \\
&= (2x - 4y, -3x + y)
\end{aligned}$$

3) Seja $f: V \to W$ uma transformação linear. Mostrar que:

a) $f(-v) = -f(v)$

b) $f(\mu - v) = f(\mu) - f(v)$

Solução

a) $f(-v) = f((-1)v) = -1f(v) = -f(v)$

b) $f(\mu - v) = f(\mu + (-1)v) = f(\mu) + f(-1v) = f(\mu) - f(v)$

4) Seja o operador linear no $\mathbb{R}^3$ definido por:

$f(x, y, z) = (x + 2y + 2z, x + 2y - z, -x + y + 4z)$.

a) Determinar o vetor $\mu \in \mathbb{R}^3$ tal que $f(\mu) = (-1, 8, -11)$

b) Determinar o vetor $v \in \mathbb{R}^3$ tal que $f(v) = v$

Solução

a) Sendo $f(\mu) = (-1, 8, -11)$, isto é,

$(x + 2y + 2z, x + 2y - z, -x + y + 4z) = (-1, 8, -11)$, tem-se:

$$\begin{cases} x + 2y + 2z = -1 \\ x + 2y - z = 8 \\ -x + y + 4z = -11 \end{cases},$$

sistema cuja solução é: $x = 1, y = 2$ e $z = -3$.

Logo, $\mu = (1, 2, -3)$.

b) Sendo $v = (x, y, z)$ e $f(v) = v$ ou $f(x, y, z) = (x, y, z)$, tem-se:

$(x + 2y + 2z, x + 2y - z, -x + y + 4z) = (x, y, z)$

ou

$$\begin{cases} x + 2y + 2z = x \\ x + 2y - z = y \\ -x + y + 4z = z, \end{cases}$$

sistema cuja solução geral é: $x = 2z$ e $y = -z$.

Assim, existem infinitos vetores $v \in \mathbb{R}^3$ tais que $f(v) = v$ e todos da forma $v = (2z, -z, z)$ ou $v = z(2, -1, 1), z \in \mathbb{R}$.

3.3 – NÚCLEO DE UMA TRANSFORMAÇÃO LINEAR

Chama-se *núcleo* de uma transformação linear $f: V \to W$ ao conjunto de todos os vetores $v \in V$ que são transformados em $0 \in W$. Indica-se esse conjunto por N(f) ou ker(f):

$N(f) = \{v \in V / f(v) = 0\}$

A Figura 3.3 mostra que $N(f) \subset V$ e todos seus vetores têm uma única imagem que é o vetor zero de W.

Observe o leitor que $N(f) \neq \emptyset$, pois $0 \in N(f)$ uma vez que $f(0) = 0$.

Exemplos

1) O núcleo da transformação linear

$f: \mathbb{R}^2 \to \mathbb{R}^2, f(x, y) = (x - 2y, x + 3y)$

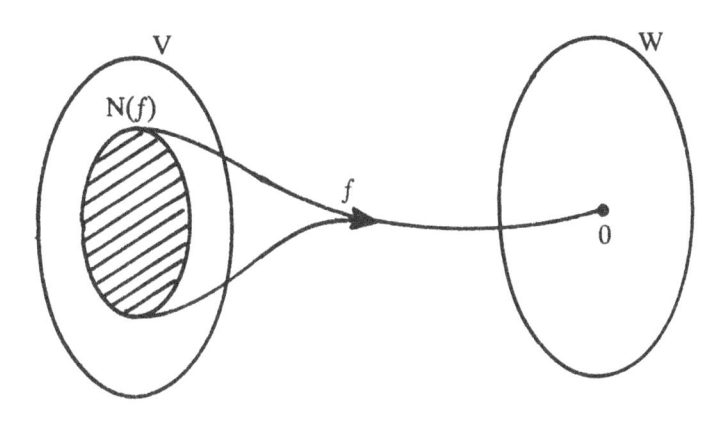

Figura 3.3

é o conjunto

$$N(f) = \{(x, y) \in \mathbb{R}^2 / f(x, y) = (0, 0)\}, \text{ isto é}$$
$$(x - 2y, x + 3y) = (0, 0)$$

ou

$$\begin{cases} x - 2y = 0 \\ x + 3y = 0, \end{cases}$$

sistema cuja solução é $x = y = 0$.

Logo, $N(f) = \{(0, 0)\}$.

2) Seja a transformação linear

$$f: \mathbb{R}^3 \to \mathbb{R}^2, f(x, y, z) = (x - y + 4z, 3x + y + 8z)$$

Por definição, $N(f) = \{(x, y, z) \in \mathbb{R}^3 / f(x, y, z) = (0, 0)\}$, isto é, um vetor $(x, y, z) \in N(f)$ se, e somente se,

$$(x - y + 4z, 3x + y + 8z) = (0, 0)$$

ou

$$\begin{cases} x - y + 4z = 0 \\ 3x + y + 8z = 0, \end{cases}$$

sistema cuja solução é: $x = -3z$ e $y = z$.

Logo,

$$N(f) = \{(-3z, z, z) \in \mathbb{R}^3 / z \in \mathbb{R}\} = \{z(-3,1,1) / z \in \mathbb{R}\}$$

ou

$$N(f) = [(-3, 1, 1)].$$

3.4 – IMAGEM DE UMA TRANSFORMAÇÃO LINEAR

Chama-se *imagem* de uma transformação linear $f: V \to W$ ao conjunto dos vetores $\omega \in W$ que são imagens de vetores $v \in V$. Indica-se esse conjunto por $\text{Im}(f)$ ou $f(V)$:

$$\text{Im}(f) = \{\omega \in W / f(v) = \omega \text{ para algum } v \in V\}.$$

A Figura 3.4.a apresenta o conjunto $\text{Im}(f) \subset W$ e também o núcleo de f.

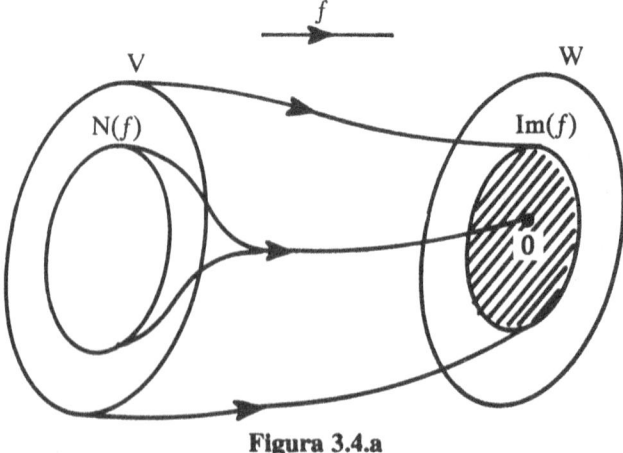

Figura 3.4.a

Observe-se que Im $(f) \neq \emptyset$, pois $0 = f(0) \in$ Im (f).

• Se Im(f) = W, f diz-se sobrejetora, isto é, para todo $\omega \in$ W, existe pelo menos um $v \in$ V tal que $f(v) = \omega$.

Exemplos

1) Seja $f: \mathbb{R}^3 \to \mathbb{R}^3$, $f(x, y, z) = (x, y, 0)$ a projeção ortogonal do $\mathbb{R}^3$ sobre o plano x 0 y. A imagem de f é o próprio plano x 0 y (Fig. 3.4.b):

Im $(f) = \{(x, y, 0) \in \mathbb{R}^3 / x, y \in \mathbb{R}\}$

Observe-se que o núcleo de f é o eixo dos z:

N$(f) = \{(0,0, z)/ z \in \mathbb{R}\}$.

pois $f(0, 0, z) = (0, 0, 0)$ para todo $z \in \mathbb{R}$.

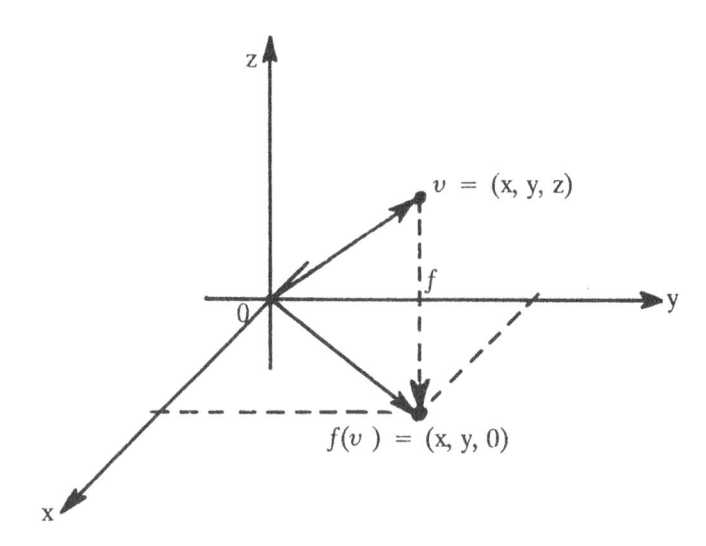

Figura 3.4.b

2) A imagem da transformação identidade I: V → V, definida por I(v) = v, ∀ v ∈ V, é todo espaço V. O núcleo, nesse caso, é N(f) = {0}.

3) A imagem da transformação nula f: V → W, com $f(v) = 0$, ∀ v ∈ V, é o conjunto Im(f) = {0}. O núcleo, nesse caso, é todo o espaço V.

3.5 — PROPRIEDADES DO NÚCLEO E DA IMAGEM

1) O núcleo de uma transformação linear f: V → W é um *subespaço vetorial* de V. De fato, sejam v_1 e v_2 vetores pertencentes ao N(f) e α um número real qualquer. Então, $f(v_1) = 0, f(v_2) = 0$ e:

I) $f(v_1 + v_2) = f(v_1) + f(v_2) = 0 + 0 = 0$,

isto é, $v_1 + v_2 \in N(f)$

II) $f(\alpha v_1) = \alpha f(v_1) = \alpha 0 = 0$,

isto é, $\alpha v_1 \in N(f)$

2) A imagem de uma transformação linear f: V → W é um *subespaço vetorial* de W. De fato:

Sejam ω_1 e ω_2 vetores pertencentes à Im(f) e α um número real qualquer. A propriedade fica demonstrada se se provar que:

I) $\omega_1 + \omega_2 \in \text{Im}(f)$

II) $\alpha \omega_1 \in \text{Im}(f)$,

isto é, deve-se mostrar que existem vetores v e μ pertencentes a V, tais que

$$f(v) = \omega_1 + \omega_2 \quad \text{e} \quad f(\mu) = \alpha \omega_1.$$

Como $\omega_1, \omega_2 \in \text{Im}(f)$, existem vetores $v_1, v_2 \in V$ tais que $f(v_1) = \omega_1$ e $f(v_2) = \omega_2$. Fazendo $v = v_1 + v_2$ e $\mu = \alpha v_1$, tem-se:

$$f(v) = f(v_1 + v_2) = f(v_1) + f(v_2) = \omega_1 + \omega_2$$

e

$$f(\mu) = f(\alpha v_1) = \alpha f(v_1) = \alpha \omega_1$$

Portanto, Im (f) é um subespaço vetorial de W.

3) Se V é um espaço vetorial da dimensão finita e $f: V \to W$ uma transformação linear, dim N(f) + dim Im(f) = dim V.

A propriedade não será demonstrada, mas comprovada por meio de problemas a serem resolvidos em 3.5.1 e dos exemplos dados em 3.4:

a) no exemplo 1, o núcleo (eixo dos z) tem dimensão 1 e a imagem (plano x 0 y) tem dimensão 2, enquanto o domínio $\mathbb{R}^3$ tem dimensão 3;

b) no exemplo 2 da transformação identidade, tem-se dim N(f) = 0. Conseqüentemente, dim Im (f) = dim V, pois Im (f) = V;

c) no exemplo 3 da transformação nula, tem-se dim Im (f) = 0. Portanto, dim N (f) = dim V, pois N (f) = V.

3.5.1 — Problemas Resolvidos

1) Dado o operador linear

$f: \mathbb{R}^3 \to \mathbb{R}^3, f(x, y, z) = (x + 2y - z, y + 2z, x + 3y + z)$,

a) determinar o núcleo de f, a dimensão do núcleo e uma de suas bases;

b) determinar a imagem de f, a dimensão da imagem e uma de suas bases;

c) verificar a propriedade da dimensão (propriedade 3 de 3.5).

Solução

a_1) N (f) = {(x, y, z) $\in \mathbb{R}^3 / f$(x, y, z) = (0, 0, 0)}

De

(x + 2y - z, y + 2z, x + 3y + z) = (0 ,0, 0), vem

$$\begin{cases} x + 2y - z = 0 \\ y + 2z = 0 \\ x + 3y + z = 0, \end{cases}$$

sistema cuja solução é $x = 5z$, $y = -2z$ ou $(5z, -2z, z)$, $z \in \mathbb{R}$, logo:

$$N(f) = \{(5z, -2z, z), z \in \mathbb{R}\} = \{z(5, -2, 1) \, / \, z \in \mathbb{R}\} = [(5, -2, 1)]$$

a_2) A única variável livre é z. Portanto:

dim N $(f) = 1$ \hfill (1)

a_3) Fazendo, em $z(5, -2, 1)$, $z = 1$, obtém-se o vetor $v = (5, -2, 1)$ e $\{(5, -2, 1)\}$ é uma base de $N(f)$.

b_1) Im $(f) = \{(a, b, c) \in \mathbb{R}^3 / f(x, y, z) = (a, b, c)\}$, isto é,

$(a, b, c) \in$ Im (f) se existe $(x, y, z) \in \mathbb{R}^3$ tal que

$(x + 2y - z, y + 2z, x + 3y + z) = (a, b, c)$

ou

$$\begin{cases} x + 2y - z = a \\ y + 2z = b \\ x + 3y + z = c, \end{cases}$$

sistema que só admite solução se $a + b - c = 0$ (ver prob.3, item A.40.1, APÊNDICE)

Logo, Im$(f) = \{(a, b, c) \in \mathbb{R}^3 / a + b - c = 0\}$

b_2) Como são duas as variáveis livres em $a + b - c = 0$

($c = a + b$, por exemplo), tem-se:

dim Im$(f) = 2$ \hfill (2)

b_3) Fazendo em $c = a + b$,

$a = 1$ e $b = 0$, vem: $c = 1$ ∴ $v_1 = (1, 0, 1)$,

$a = 0$ e $b = 1$, vem: $c = 1$ ∴ $v_2 = (0, 1, 1)$,

o conjunto $\{v_1 = (1, 0, 1), v_2 = (0, 1, 1)\}$ é uma base de Im(f).

c) A propriedade da dimensão afirma que

$$\dim N(f) + \dim \operatorname{Im}(f) = \dim \mathbb{R}^3 \quad (V = \mathbb{R}^3, \text{no caso}) \qquad (3)$$

e,

$$\dim \mathbb{R}^3 = 3 \qquad (4)$$

Substituindo (1), (2) e (4) em (3), verifica-se que

$1 + 2 = 3$.

2) Verificar se o vetor $(5, 3)$ pertence ao conjunto Im (f), sendo

$f: \mathbb{R}^2 \to \mathbb{R}^2, f(x, y) = (x - 2y, 2x + 3y)$

Solução

Para que o vetor $(5, 3) \in \operatorname{Im}(f)$ é necessário que exista $(x, y) \in \mathbb{R}^2$ tal que

$f(x, y) = (x - 2y, 2x + 3y) = (5, 3)$

ou que o sistema

$$\begin{cases} x - 2y = 5 \\ 2x + 3y = 3 \end{cases}$$

tenha solução. Ora, como o sistema tem solução ($x = 3$ e $y = -1$), $(5,3) \in \operatorname{Im}(f)$.

3.6 — MATRIZ DE UMA TRANSFORMAÇÃO LINEAR

Sejam $f: V \to W$ uma transformação linear, A uma base de V e B uma base de W. Sem prejuízo da generalização, será considerado o caso em que dim V = 2 e dim W = 3. Sejam $A = \{v_1, v_2\}$ e $B = \{\omega_1, \omega_2, \omega_3\}$ bases de V e W, respectivamente. Um vetor $v \in V$ pode ser expresso por

$$v = x_1 v_1 + x_2 v_2 \quad \text{ou} \quad v_A = (x_1, x_2)$$

e a imagem $f(v)$ por

$$f(v) = y_1 \omega_1 + y_2 \omega_2 + y_3 \omega_3 \quad \text{ou} \quad f(v)_B = (y_1, y_2, y_3) \tag{1}$$

Por outro lado:

$$f(v) = f(x_1 v_1 + x_2 v_2) = x_1 f(v_1) + x_2 f(v_2) \tag{2}$$

Sendo $f(v_1)$ e $f(v_2)$ vetores de W, eles serão combinações lineares dos vetores de B:

$$f(v_1) = a_{11} \omega_1 + a_{21} \omega_2 + a_{31} \omega_3 \tag{3}$$

$$f(v_2) = a_{12} \omega_1 + a_{22} \omega_2 + a_{32} \omega_3 \tag{4}$$

Substituindo (3) e (4) em (2), vem

$$f(v) = x_1 (a_{11} \omega_1 + a_{21} \omega_2 + a_{31} \omega_3) + x_2 (a_{12} \omega_1 + a_{22} \omega_2 + a_{32} \omega_3)$$

ou

$$f(v) = (a_{11} x_1 + a_{12} x_2) \omega_1 + (a_{21} x_1 + a_{22} x_2) \omega_2 +$$
$$+ (a_{31} x_1 + a_{32} x_2) \omega_3 \tag{5}$$

Comparando (5) com (1), conclui-se que:

$$y_1 = a_{11} x_1 + a_{12} x_2$$

$$y_2 = a_{21} x_1 + a_{22} x_2$$

$$y_3 = a_{31} x_1 + a_{32} x_2$$

ou, na forma matricial

$$\begin{bmatrix} y_1 \\ y_2 \\ y_3 \end{bmatrix} = \begin{bmatrix} a_{11} & a_{12} \\ a_{21} & a_{22} \\ a_{31} & a_{32} \end{bmatrix} \begin{bmatrix} x_1 \\ x_2 \end{bmatrix}$$

ou, ainda, simbolicamente

$$f(v)_B = T v_A$$

sendo a matriz

$$T = \begin{bmatrix} a_{11} & a_{12} \\ a_{21} & a_{22} \\ a_{31} & a_{32} \end{bmatrix}$$

denominada *matriz de f em relação às bases A e B*. Essa matriz T é, na verdade, um operador que transforma v_A (componentes de um vetor v na base A) em $f(v)_B$ (componentes da imagem de v na base B).

• A matriz T é de ordem 3 × 2 sempre que dim V = 2 e dim W = 3. Se a transformação linear $f: V \to W$ tivesse dim V = n e dim W = m, T seria uma matriz de ordem m × n.

• As colunas da matriz T são as componentes das imagens dos vetores v_1 e v_2 da base A de V em relação à base B de W, conforme se verifica em (3) e (4):

$$\begin{bmatrix} a_{11} & a_{12} \\ a_{21} & a_{22} \\ a_{31} & a_{32} \end{bmatrix}$$
$$\uparrow \qquad \uparrow$$
$$f(v_1)_B \quad f(v_2)_B$$

• A matriz T depende das bases A e B consideradas, isto é, a cada dupla de bases corresponde uma particular matriz. Assim, uma transformação linear poderá ter uma infinidade de matrizes a representá-la. No entanto, fixadas as bases, a matriz é única.

3.6.1 — Problemas Resolvidos

1) Dadas a transformação linear

$$f: \mathbb{R}^3 \to \mathbb{R}^2, f(x, y, z) = (2x - y + z, 3x + y - 2z)$$

e as bases

$A = \{v_1 = (1, 1, 1), v_2 = (0, 1, 1), v_3 = (0, 0, 1)\}$ e

$B = \{\omega_1 = (2, 1), \omega_2 = (5, 3)\}$,

a) determinar T, matriz de f nas bases A e B;

b) se $v = (3, -4, 2)$ (vetor com componentes em relação à base canônica do $\mathbb{R}^3$), calcular $f(v)_B$ utilizando a matriz T.

Solução

a) A matriz T é de ordem 2×3:

$$T = \begin{bmatrix} a_{11} & a_{12} & a_{13} \\ a_{21} & a_{22} & a_{23} \end{bmatrix}$$

$$\uparrow \qquad \uparrow \qquad \uparrow$$
$$f(v_1)_B \ f(v_2)_B \ f(v_3)_B$$

$f(v_1) = f(1, 1, 1) = (2, 2) = a_{11}(2, 1) + a_{21}(5, 3)$

$$\begin{cases} 2a_{11} + 5a_{21} = 2 \\ 1a_{11} + 3a_{21} = 2 \end{cases} \therefore \begin{cases} a_{11} = -4 \\ a_{21} = 2 \end{cases}$$

$f(v_2) = f(0, 1, 1) = (0, -1) = a_{12}(2, 1) + a_{22}(5, 3)$

$$\begin{cases} 2a_{12} + 5a_{22} = 0 \\ 1a_{12} + 3a_{22} = -1 \end{cases} \therefore \begin{cases} a_{12} = 5 \\ a_{22} = -2 \end{cases}$$

$f(v_3) = f(0, 0, 1) = (1, -2) = a_{13}(2, 1) + a_{23}(5, 3)$

$$\begin{cases} 2a_{13} + 5a_{23} = 1 \\ 1a_{13} + 3a_{23} = -2 \end{cases} \therefore \begin{cases} a_{13} = 13 \\ a_{23} = -5, \end{cases}$$

logo:
$$T = \begin{bmatrix} -4 & 5 & 13 \\ 2 & -2 & -5 \end{bmatrix}$$

b) Sabe-se que

$$f(v)_B = T v_A \qquad (1)$$

Tendo em vista que $v = (3, -4, 2)$ está expresso na base canônica, deve-se, primeiramente, expressá-lo na base A. Seja $v_A = (a, b, c)$, isto é,

$$(3, -4, 2) = a(1, 1, 1) + b(0, 1, 1) + c(0, 0, 1)$$

ou

$$\begin{cases} a & = 3 \\ a + b & = -4 \\ a + b + c & = 2, \end{cases}$$

sistema cuja solução é $a = 3$, $b = -7$ e $c = 6$, ou seja, $v_A = (3, -7, 6)$.

Substituindo T e v_A em (1), vem

$$f(v)_B = \begin{bmatrix} -4 & 5 & 13 \\ 2 & -2 & -5 \end{bmatrix} \begin{bmatrix} 3 \\ -7 \\ 6 \end{bmatrix}$$

$$f(v)_B = \begin{bmatrix} 31 \\ -10 \end{bmatrix}$$

• Observe-se que

$$f(v) = 31(2, 1) - 10(5, 3) = (62, 31) - (50, 30) = (12, 1),$$

isto é, os números 12 e 1 são as componentes de $f(v)$ em relação à base canônica do $\mathbb{R}^2$:

$$(12, 1) = 12(1, 0) + 1(0, 1) = (12, 0) + (0, 1) = (12, 1).$$

Naturalmente $f(v) = (12, 1)$ também seria obtido por

$$f(x, y, z) = (2x - y + z, 3x + y - 2z), \text{ considerando-se } v = (3, -4, 2):$$
$$f(v) = (2(3) - (-4) + 2, 3(3) + (-4) - 2(2))$$
$$f(v) = (6 + 4 + 2, 9 - 4 - 4) = (12, 1).$$

2) Considerando as bases canônicas $A = \{(1, 0, 0), (0, 1, 0), (0, 0, 1)\}$ e $B = \{(1, 0), (0, 1)\}$ do $\mathbb{R}^3$ e do $\mathbb{R}^2$, respectivamente, e a mesma transformação linear do problema anterior

$$f: \mathbb{R}^3 \to \mathbb{R}^2, f(x, y, z) = (2x - y + z, 3x + y - 2z), \tag{2}$$

a) determinar T, matriz de f nas bases A e B;

b) se $v = (3, -4, 2)$, calcular $f(v)_B$, utilizando a matriz T.

Solução

a) $f(1, 0, 0) = (2, 3) = 2(1, 0) + 3(0, 1)$
   $f(0, 1, 0) = (-1, 1) = -1(1, 0) + 1(0, 1)$
   $f(0, 0, 1) = (1, -2) = 1(1, 0) - 2(0, 1),$

logo:

$$T = \begin{bmatrix} 2 & -1 & 1 \\ 3 & 1 & -2 \end{bmatrix} \tag{3}$$

• No caso de serem A e B bases canônicas do domínio e do contra-domínio, respectivamente, como é o caso deste problema, a matriz T é chamada *matriz canônica de f* e escreve-se, simplesmente

$$f(v) = Tv \tag{4}$$

ficando subentendido que $v = v_A$ e $f(v) = f(v)_B$

• Examinando, em (2), a lei que define a transformação f, verifica-se, em (3), que sua matriz canônica T fica determinada formando a primeira coluna com os coeficientes de x, a segunda coluna com os coeficientes de y e a terceira com os coeficientes de z.

b) Tendo em vista que $v = (3, -4, 2) = v_A$, que $f(v)_B = f(v)$ e que

$$f(v) = Tv$$

conforme está expresso em (4), tem-se:

$$f(v)_B = f(v) = \begin{bmatrix} 2 & -1 & 1 \\ 3 & 1 & -2 \end{bmatrix} \begin{bmatrix} 3 \\ -4 \\ 2 \end{bmatrix}$$

$$f(v)_B = f(v) = \begin{bmatrix} 12 \\ 1 \end{bmatrix}$$

• Observe o leitor que calcular $f(v) = \begin{bmatrix} 12 \\ 1 \end{bmatrix}$ pela matriz T é o mesmo que fazê-lo pela lei definidora de f, conforme se pode ver na parte final do problema anterior.

3.6.2 — Transformações Lineares e Matrizes

No item 3.6 viu-se que, fixadas duas bases — uma no domínio e outra no contradomínio —, cada transformação linear é representada por uma matriz nestas bases.

Do mesmo modo, dada uma matriz qualquer e fixadas duas bases — uma no domínio e outra no contradomínio —, ela representa uma transformação linear. Na prática, *cada matriz pode ser interpretada como matriz canônica de uma transformação linear f*. Assim, por exemplo, a matriz

$$\begin{bmatrix} 2 & -3 \\ 5 & -1 \\ 0 & 4 \end{bmatrix}$$

representa, nas bases canônicas, a transformação linear

$$f: \mathbb{R}^2 \to \mathbb{R}^3, \; f(x,y) = (2x - 3y, 5x - y, 4y) \qquad (1)$$

Entretanto, a mesma matriz, numa outra dupla de bases, representará uma transformação linear diferente de (1). (Ver item 3.9, problema 33.)

• Sabe-se que um *operador linear* sobre V é uma transformação linear $f: V \to V$ (é o caso particular de W = V). Nesse caso, para a representação matricial, é muitas vezes conveniente fazer A = B, e a matriz da transformação é denominada *matriz de f em relação à base A* (ou matriz de f na base A) e indicada por T_A. Por exemplo, dada a base A = {(1, -2), (-1, 3)}, determinar a matriz do operador linear

$$f: \mathbb{R}^2 \to \mathbb{R}^2, \; f(x,y) = (2x - y, x + y)$$

nesta base.

Calculando as componentes das imagens dos vetores da base A em relação à própria base, vem:

$$f(1, -2) = (4, -1) = a_{11}(1, -2) + a_{21}(-1, 3)$$

$$\begin{cases} 1a_{11} - 1a_{21} = 4 \\ -2a_{11} + 3a_{21} = -1 \end{cases} \therefore \begin{cases} a_{11} = 11 \\ a_{21} = 7 \end{cases}$$

$$f(-1, 3) = (-5, 2) = a_{12}(1, -2) + a_{22}(-1, 3)$$

$$\begin{cases} 1a_{12} - 1a_{22} = -5 \\ -2a_{12} + 3a_{22} = 2 \end{cases} \therefore \begin{cases} a_{12} = -13 \\ a_{22} = -8 \end{cases}$$

logo:

$$T_A = \begin{bmatrix} 11 & -13 \\ 7 & -8 \end{bmatrix}$$

• A matriz canônica do operador linear deste exemplo é

$$T = \begin{bmatrix} 2 & -1 \\ 1 & 1 \end{bmatrix}$$

As matrizes T_A e T, por representarem o mesmo operador f em bases diferentes, são denominadas matrizes semelhantes e serão estudadas no Capítulo 4.

- Quando a matriz do operador linear f é T_A, a fórmula (1) de 3.6.1 fica: $f(v)_A = T_A v_A$.

3.7 – OPERAÇÕES COM TRANSFORMAÇÕES LINEARES

3.7.1 — Adição

Sejam $f_1 : V \to W$ e $f_2 : V \to W$ transformações lineares. Chama-se *soma* das transformações f_1 e f_2 à transformação linear

$f_1 + f_2 : V \to W$

$\qquad v \mapsto (f_1 + f_2) v = f_1(v) + f_2(v), \forall\ v \in V.$

Se T_1 e T_2 são as matrizes de f_1 e f_2 em bases quaisquer de V e W, a matriz S que representa $f_1 + f_2$ é

$S = T_1 + T_2$

3.7.2 – Multiplicação por Escalar

Sejam $f : V \to W$ uma transformação linear e $\alpha \in \mathbb{R}$. Chama-se *produto* de f pelo escalar α à transformação linear

$\alpha f : V \to W$

$\qquad v \mapsto (\alpha f)(v) = \alpha f(v), \forall\ v \in V$

Se T é a matriz de f em bases quaisquer de V e W, a matriz E que representa o produto de f pelo escalar α é:

$E = \alpha T.$

3.7.3 – Composição

Sejam $f_1 : V \to W$ e $f_2 : W \to U$ transformações lineares. Chama-se *aplicação composta de f_1 com f_2*, e se representa por $f_2 \circ f_1$, à transformação linear

$f_2 \circ f_1 : V \to U$

$$v \to (f_2 \circ f_1)(v) = f_2(f_1(v)), \supset v \in V.$$

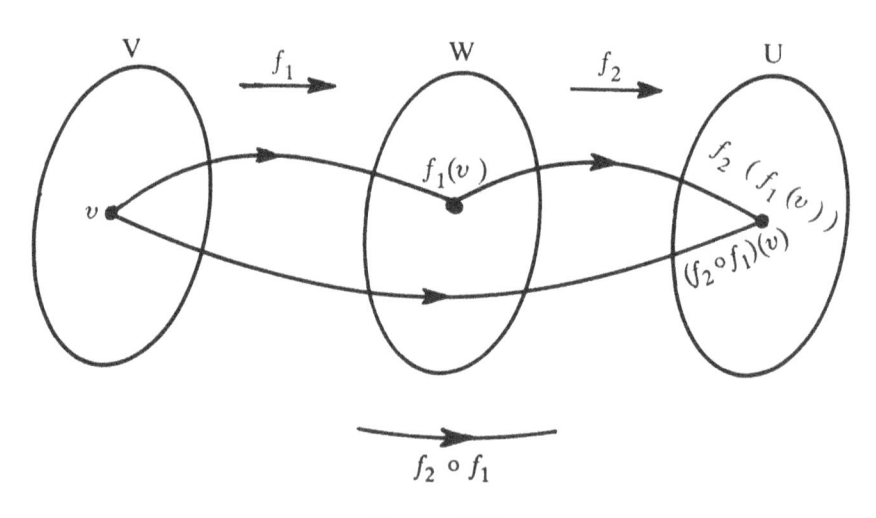

Figura 3.7.3

Se T_1 e T_2 são as matrizes de f_1 e f_2 em bases quaisquer dos espaços V, W e U, a matriz P que representa a composição $f_2 \circ f_1$ é

$P = T_2 T_1$

3.7.4 – Problemas Resolvidos

Nos problemas 1 a 7, que se referem às transformações lineares

$f_1: \mathbb{R}^2 \to \mathbb{R}^2, f_1(x, y) = (x - 2y, 2x + y)$, $f_2: \mathbb{R}^2 \to \mathbb{R}^2$, $f_2(x,y) = (x, x - y)$ e $f_3: \mathbb{R}^2 \to \mathbb{R}^3, f_3(x, y) = (2x + 3y, y, -x)$, determinar:

1) $(f_1 + f_2)(x, y)$

   Solução

   $$\begin{aligned}(f_1 + f_2)(x, y) &= f_1(x, y) + f_2(x, y) \\ &= (x - 2y, 2x + y) + (x, x - y) \\ &= (2x - 2y, 3x)\end{aligned}$$

2) $(3f_1 - 2f_2)(x, y)$

   Solução

   $$\begin{aligned}(3f_1 - 2f_2)(x, y) &= (3f_1)(x, y) - (2f_2)(x, y) \\ &= 3f_1(x, y) - 2f_2(x, y) \\ &= 3(x - 2y, 2x + y) - 2(x, x - y) \\ &= (3x - 6y, 6x + 3y) - (2x, 2x - 2y) \\ &= (x - 6y, 4x + 5y)\end{aligned}$$

3) A matriz canônica de $3f_1 - 2f_2$

   Solução

   $$A = \begin{bmatrix} 1 & -6 \\ 4 & 5 \end{bmatrix}$$

Observe o leitor que esta matriz é igual a:

$$3T_1 - 2T_2 = 3\begin{bmatrix} 1 & -2 \\ 2 & 1 \end{bmatrix} - 2\begin{bmatrix} 1 & 0 \\ 1 & -1 \end{bmatrix} =$$

$$= \begin{bmatrix} 3 & -6 \\ 6 & 3 \end{bmatrix} - \begin{bmatrix} 2 & 0 \\ 2 & -2 \end{bmatrix} = \begin{bmatrix} 1 & -6 \\ 4 & 5 \end{bmatrix}$$

onde T_1 e T_2 são as matrizes canônicas de f_1 e f_2, respectivamente.

4) A matriz canônica de $f_2 \circ f_1$

   Solução

   $$T_2 T_1 = \begin{bmatrix} 1 & 0 \\ 1 & -1 \end{bmatrix} \begin{bmatrix} 1 & -2 \\ 2 & 1 \end{bmatrix} = \begin{bmatrix} 1 & -2 \\ -1 & -3 \end{bmatrix}$$

5) A matriz canônica de $f_1 \circ f_2$

   Solução

   $$T_1 T_2 = \begin{bmatrix} 1 & -2 \\ 2 & 1 \end{bmatrix} \begin{bmatrix} 1 & 0 \\ 1 & -1 \end{bmatrix} = \begin{bmatrix} -1 & 2 \\ 3 & -1 \end{bmatrix}$$

   Assinale-se que $f_1 \circ f_2 \neq f_2 \circ f_1$ e esse fato geralmente ocorre.

6) A matriz canônica de $f_1 \circ f_1$

   Solução

   $$T_1 T_1 = T_1^2 = \begin{bmatrix} 1 & -2 \\ 2 & 1 \end{bmatrix} \begin{bmatrix} 1 & -2 \\ 2 & 1 \end{bmatrix} = \begin{bmatrix} -3 & -4 \\ 4 & -3 \end{bmatrix}$$

   O operador $f_1 \circ f_1$ é também representado por f_1^2.

7) A matriz canônica de $f_3 \circ f_2$

   Solução

   $$T_3 T_2 = \begin{bmatrix} 2 & 3 \\ 0 & 1 \\ -1 & 0 \end{bmatrix} \begin{bmatrix} 1 & 0 \\ 1 & -1 \end{bmatrix} = \begin{bmatrix} 5 & -3 \\ 1 & -1 \\ -1 & 0 \end{bmatrix}$$

   A transformação $f_2 \circ f_3$ não existe pela impossibilidade de multiplicar T_2 por T_3.

3.8 – TRANSFORMAÇÕES LINEARES PLANAS

Transformação linear plana é toda função linear cujos domínio e contradomínio constituem o $\mathbb{R}^2$. Serão estudadas algumas de especial importância e suas correspondentes interpretações geométricas, ficando a cargo do leitor verificar que são lineares.

3.8.1 – Reflexões

a) *Reflexão em relação ao eixo dos x*

Essa transformação linear leva cada ponto ou vetor (x,y) para a sua imagem (x, -y), simétrica em relação ao eixo dos x:

$f: \mathbb{R}^2 \to \mathbb{R}^2$, $f(x, y) = (x, -y)$ (Figura 3.8.1a)

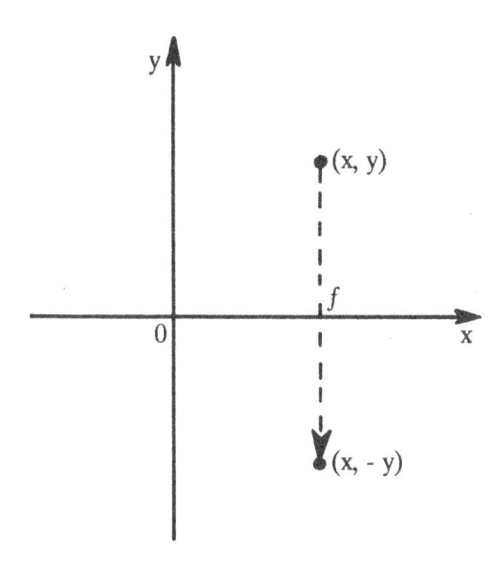

Figura 3.8.1.a

A matriz canônica dessa transformação é:

$$A = \begin{bmatrix} 1 & 0 \\ 0 & -1 \end{bmatrix}$$

logo:

$$\begin{bmatrix} x \\ -y \end{bmatrix} = \begin{bmatrix} 1 & 0 \\ 0 & -1 \end{bmatrix} \begin{bmatrix} x \\ y \end{bmatrix}$$

b) *Reflexão em relação ao eixo dos y*

$f: \mathbb{R}^2 \to \mathbb{R}^2$, $f(x, y) = (-x, y)$ (Figura 3.8.1b)

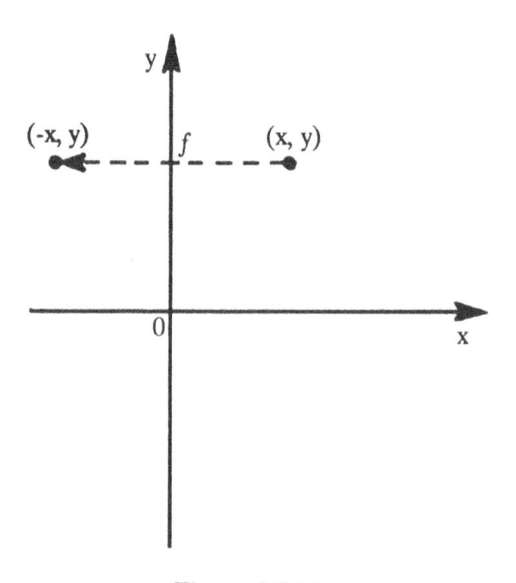

Figura 3.8.1.b

A matriz canônica dessa transformação é:

$$A = \begin{bmatrix} -1 & 0 \\ 0 & 1 \end{bmatrix},$$

logo:

$$\begin{bmatrix} -x \\ y \end{bmatrix} = \begin{bmatrix} -1 & 0 \\ 0 & 1 \end{bmatrix} \begin{bmatrix} x \\ y \end{bmatrix}$$

c) *Reflexão em relação à origem*

$f: \mathbb{R}^2 \to \mathbb{R}^2, f(x, y) = (-x, -y)$ (Figura 3.8.1c)

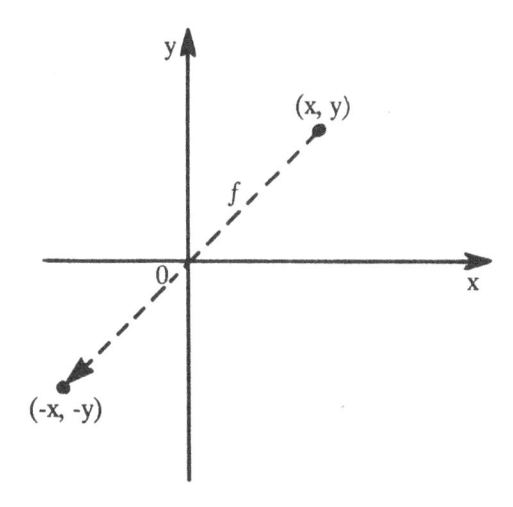

Figura 3.8.1.c

A matriz canônica dessa transformação é:

$$A = \begin{bmatrix} -1 & 0 \\ 0 & -1 \end{bmatrix},$$

logo:

$$\begin{bmatrix} -x \\ -y \end{bmatrix} = \begin{bmatrix} -1 & 0 \\ 0 & -1 \end{bmatrix} \begin{bmatrix} x \\ y \end{bmatrix}$$

d) *Reflexão em relação à reta* $y = x$

$f: \mathbb{R}^2 \to \mathbb{R}^2, f(x, y) = (y, x)$ (Figura 3.8.1d)

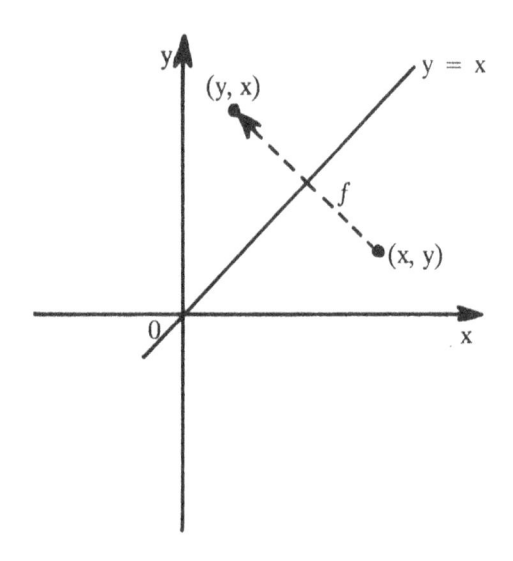

Figura 3.8.1.d

A matriz canônica dessa transformação é:

$$A = \begin{bmatrix} 0 & 1 \\ 1 & 0 \end{bmatrix},$$

logo:

$$\begin{bmatrix} y \\ x \end{bmatrix} = \begin{bmatrix} 0 & 1 \\ 1 & 0 \end{bmatrix} \begin{bmatrix} x \\ y \end{bmatrix}$$

e) *Reflexão em relação à reta* $y = -x$

$f: \mathbb{R}^2 \to \mathbb{R}^2$, $f(x,y) = (-y, -x)$ (Figura 3.8.1. e)

A matriz canônica dessa transformação é:

$$A = \begin{bmatrix} 0 & -1 \\ -1 & 0 \end{bmatrix},$$

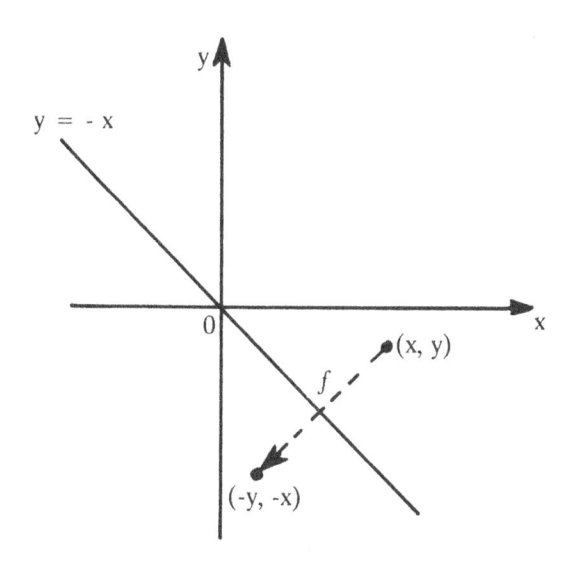

Figura 3.8.1.e

logo,

$$\begin{bmatrix} -y \\ -x \end{bmatrix} = \begin{bmatrix} 0 & -1 \\ -1 & 0 \end{bmatrix} \begin{bmatrix} x \\ y \end{bmatrix}$$

3.8.2 – Dilatações e Contrações

a) *Dilatação ou contração na direção do vetor*

$f: \mathbb{R}^2 \to \mathbb{R}^2$, $f(x, y) = \alpha(x,y) = (\alpha x, \alpha y)$, $\alpha \in \mathbb{R}$ (Figura 3.8.2.a)

A matriz canônica dessa transformação é:

$$A = \begin{bmatrix} \alpha & 0 \\ 0 & \alpha \end{bmatrix},$$

logo,

$$\begin{bmatrix} \alpha x \\ \alpha y \end{bmatrix} = \begin{bmatrix} \alpha & 0 \\ 0 & \alpha \end{bmatrix} \begin{bmatrix} x \\ y \end{bmatrix}$$

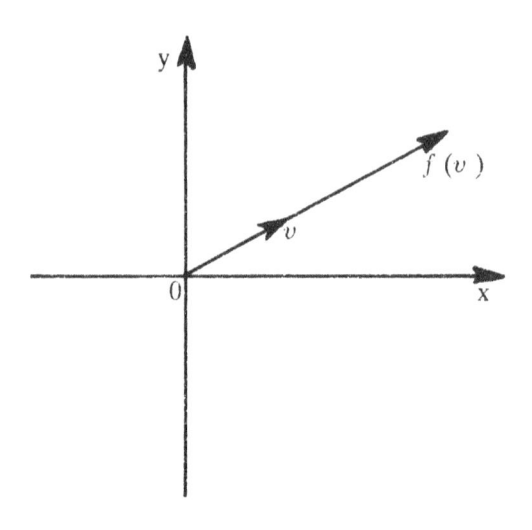

Figura 3.8.2.a

Observe o leitor que

- se $|\alpha| > 1$, f dilata o vetor;
- se $|\alpha| < 1$, f contrai o vetor;
- se $\alpha = 1$, f é a identidade I;
- se $\alpha < 0$, f muda o sentido do vetor.

• A transformação $f: \mathbb{R}^2 \to \mathbb{R}^2$, $f(x, y) = \frac{1}{2}(x, y) = (\frac{x}{2}, \frac{y}{2})$ é um exemplo de contração.

b) *Dilatação ou contração na direção do eixo dos x*

$f: \mathbb{R}^2 \to \mathbb{R}^2$, $f(x, y) = (\alpha x, y)$, $\alpha \geq 0$ (Fig. 3.8.2.b)

A matriz canônica dessa transformação é:

$$A = \begin{bmatrix} \alpha & 0 \\ 0 & 1 \end{bmatrix},$$

logo:

$$\begin{bmatrix} \alpha x \\ y \end{bmatrix} = \begin{bmatrix} \alpha & 0 \\ 0 & 1 \end{bmatrix} \begin{bmatrix} x \\ y \end{bmatrix}$$

Observe o leitor que

- se $\alpha > 1$, f dilata o vetor;
- se $0 \leq \alpha < 1$, f contrai o vetor.

• A transformação dada é também chamada dilatação ou contração na direção horizontal de um fator α.

A Fig. 3.8.2.b mostra uma dilatação de fator $\alpha = 2$ e uma contração de fator $\alpha = \frac{1}{2}$.

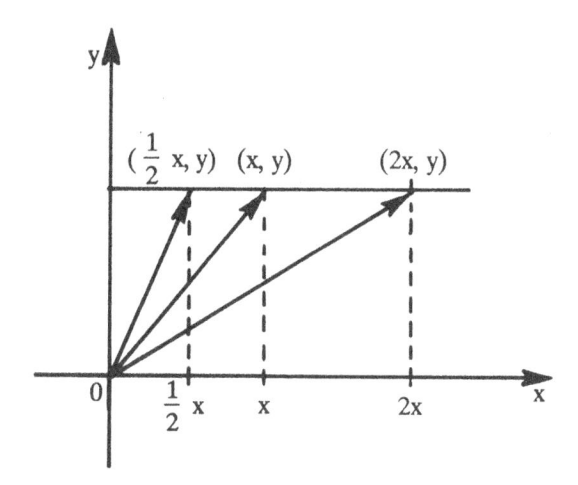

Figura 3.8.2.b

c) *Dilatação ou contração na direção do eixo dos y*

$f: \mathbb{R}^2 \to \mathbb{R}^2, f(x, y) = (x, \alpha y), \alpha \geq 0$ (Figura 3.8.2.c)

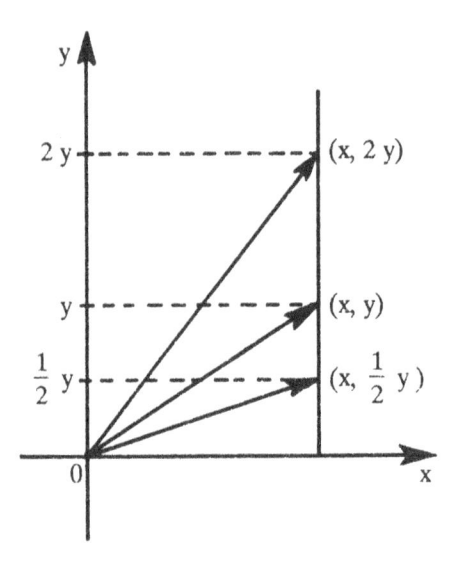

Figura 3.8.2.c

A matriz canônica dessa transformação é:

$$A = \begin{bmatrix} 1 & 0 \\ 0 & \alpha \end{bmatrix},$$

logo:

$$\begin{bmatrix} x \\ \alpha y \end{bmatrix} = \begin{bmatrix} 1 & 0 \\ 0 & \alpha \end{bmatrix} \begin{bmatrix} x \\ y \end{bmatrix}$$

Observe o leitor que

— se $\alpha > 1$, f dilata o vetor;

— se $0 \leq \alpha < 1$, f contrai o vetor.

• Nos casos b) e c), se $\alpha = 0$, viria, respectivamente:

b) $f(x, y) = (0, y)$ e f seria a projeção do plano sobre o eixo dos y (Fig. 3.8.2.d)

c) $f(x,y) = (x, 0)$ e f seria a projeção do plano sobre o eixo dos x (Fig. 3.8.2.e)

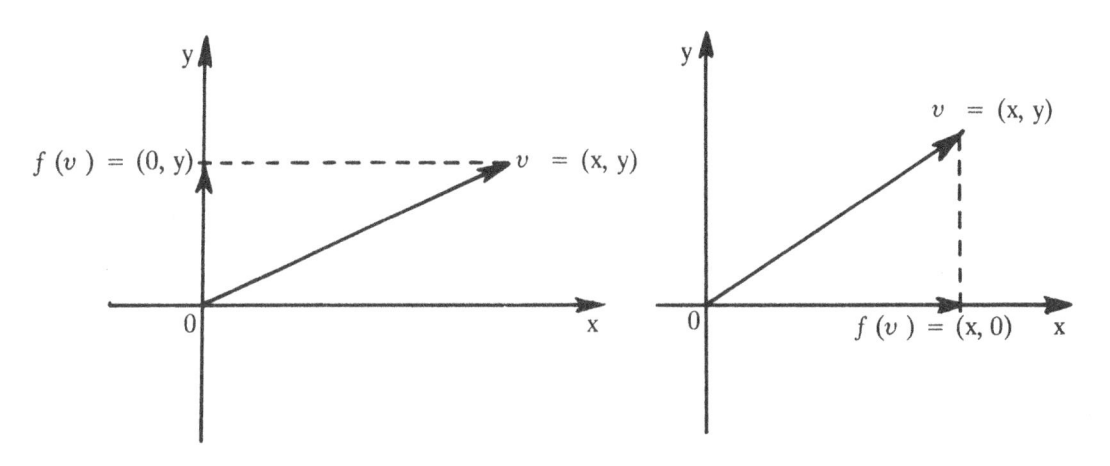

Figura 3.8.2.d   Figura 3.8.2.e

3.8.3. – Cisalhamentos

a) *Cisalhamento na direção do eixo dos x*

$f: \mathbb{R}^2 \to \mathbb{R}^2, f(x,y) = (x + \alpha y, y)$

A matriz canônica desse cisalhamento é:

$$A = \begin{bmatrix} 1 & \alpha \\ 0 & 1 \end{bmatrix},$$

logo:

$$\begin{bmatrix} x + \alpha y \\ y \end{bmatrix} = \begin{bmatrix} 1 & \alpha \\ 0 & 1 \end{bmatrix} \begin{bmatrix} x \\ y \end{bmatrix}$$

O efeito desse cisalhamento, para um determinado valor de α, é transformar o retângulo OAPB no parelelogramo OAP'B' de mesma base e mesma altura (Fig. 3.8.3.a).

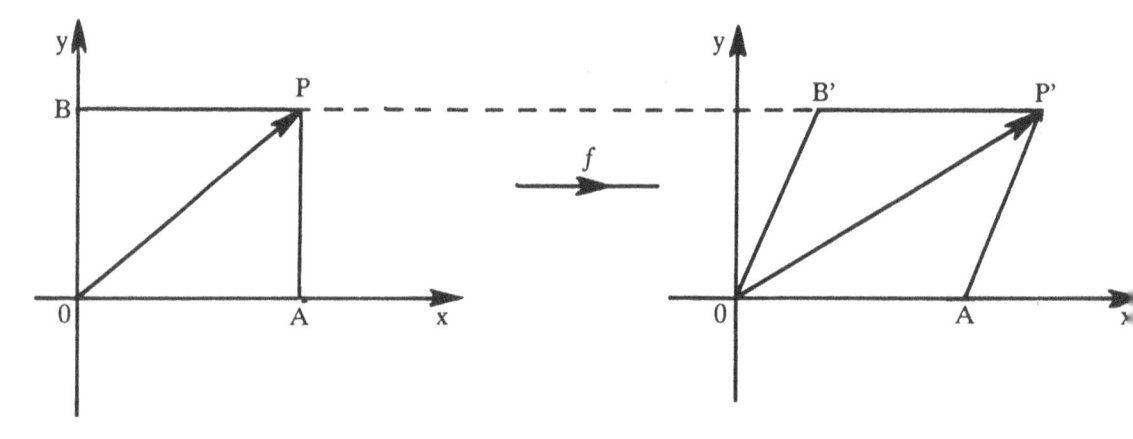

Figura 3.8.3.a

Por esse cisalhamento, cada ponto (x, y) se desloca paralelamente ao eixo dos x até chegar em (x + α y, y), com exceção dos pontos do próprio eixo dos x – que permanecem em sua posição –, pois para eles y = 0. Assim, fica explicado por que o retângulo e o paralelogramo da Figura têm a mesma base $\overline{OA}$.

• Esse cisalhamento é também chamado *cisalhamento horizontal de fator* α.

b) *Cisalhamento na direção do eixo dos y*

$f: \mathbb{R}^2 \to \mathbb{R}^2$, $f(x, y) = (x, y + \alpha x) = (x, \alpha x + y)$

A matriz canônica desse cisalhamento é:

$$A = \begin{bmatrix} 1 & 0 \\ \alpha & 1 \end{bmatrix}$$

logo:

$$\begin{bmatrix} x \\ \alpha x + y \end{bmatrix} = \begin{bmatrix} 1 & 0 \\ \alpha & 1 \end{bmatrix} \begin{bmatrix} x \\ y \end{bmatrix}$$

O efeito desse cisalhamento, para um determinado valor de α, é transformar o retângulo OAPB no paralelogramo OAP'B' de mesma base e mesma altura (Fig. 3.8.3.b)

Por esse cisalhamento, cada ponto (x, y) se desloca paralelamente ao eixo dos y até chegar em (x, α x + y), com exceção dos pontos do próprio eixo dos y – que permanecem em sua posição –, pois para eles x = 0. Assim, fica explicado por que o retângulo e o paralelogramo da Figura têm a mesma base $\overline{OA}$.

- Esse cisalhamento é também chamado *cisalhamento vertical de fator* α.

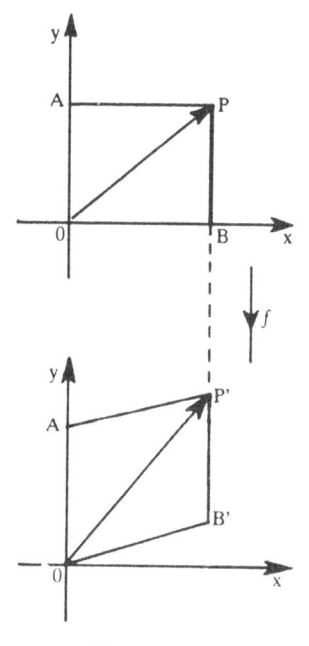

Figura 3.8.3.b

3.8.4 — Rotação do Plano

A rotação do plano de um ângulo θ em torno da origem do sistema de coordenadas, sistema determinado pela base A = {e_1 = (1, 0), e_2 = (0, 1)}, é uma transformação linear $f_\theta : \mathbb{R}^2 \to \mathbb{R}^2$ que a cada vetor v = (x, y) faz corresponder o vetor $f_\theta(v)$ = (x', y') (Fig. 3.8.4.a).

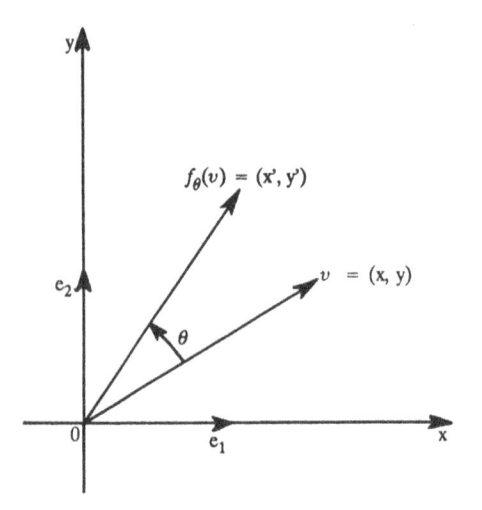

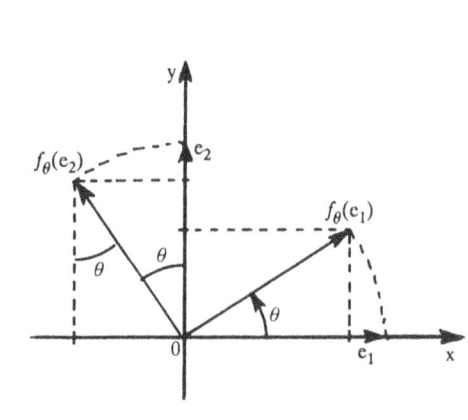

Figura 3.8.4.a

Figura 3.8.4.b

Um vetor $v = (x, y)$ é expresso, na base A, por

$$v = x\,e_1 + y\,e_2,$$

e, de acordo com a propriedade II) das transformações lineares, item 3.2.2, pode-se escrever:

$$f_\theta(v) = x f_\theta(e_1) + y f_\theta(e_2) \tag{1}$$

Mas, conforme a figura 3.8.4.b, tem-se:

$$f_\theta(e_1) = (\cos\theta, \operatorname{sen}\theta) \tag{2}$$
$$f_\theta(e_2) = (-\operatorname{sen}\theta, \cos\theta) \tag{3}$$

Substituindo (2) e (3) em (1), vem:

$$\begin{aligned}
f_\theta(v) = (x', y') &= x(\cos\theta, \operatorname{sen}\theta) + y(-\operatorname{sen}\theta, \cos\theta) \\
&= ((\cos\theta)x, (\operatorname{sen}\theta)x) + ((-\operatorname{sen}\theta)y + (\cos\theta)y) \\
&= ((\cos\theta)x + (-\operatorname{sen}\theta)y, (\operatorname{sen}\theta)x + (\cos\theta)y) \tag{4}
\end{aligned}$$

A matriz canônica dessa transformação f_θ é

$$T_\theta = \begin{bmatrix} \cos\theta & -\operatorname{sen}\theta \\ \operatorname{sen}\theta & \cos\theta \end{bmatrix},$$

logo:

$$\begin{bmatrix} x' \\ y' \end{bmatrix} = \begin{bmatrix} \cos\theta & -\operatorname{sen}\theta \\ \operatorname{sen}\theta & \cos\theta \end{bmatrix} \begin{bmatrix} x \\ y \end{bmatrix}$$

A matriz T_θ, chamada matriz de rotação de um ângulo θ, $0 \leq \theta \leq 2\pi$, é a matriz canônica da transformação $f_\theta : \mathbb{R}^2 \to \mathbb{R}^2$, definida em (4).

• Nada impede que a rotação do plano seja de um ângulo $\theta < 0$; nesse caso, o ângulo será designado por $-\theta$ e a respectiva matriz de rotação, por $T_{(-\theta)}$:

$$T_{(-\theta)} = \begin{bmatrix} \cos(-\theta) & -\operatorname{sen}(-\theta) \\ \operatorname{sen}(-\theta) & \cos(-\theta) \end{bmatrix},$$

mas,

$$\cos(-\theta) = \cos\theta$$

$$\operatorname{sen}(-\theta) = -\operatorname{sen}\theta,$$

logo:

$$T_{(-\theta)} = \begin{bmatrix} \cos\theta & \operatorname{sen}\theta \\ -\operatorname{sen}\theta & \cos\theta \end{bmatrix},$$

Como se pode ver $T_{(-\theta)} = T_\theta^{-1}$, isto é, a matriz da rotação de um ângulo $-\theta$ é a inversa da matriz da rotação de um ângulo θ. Este fato significa que se, por intermédio da matriz T_θ, se leva o vetor $v = (x, y)$ à sua imagem $f(v) = (x', y')$, por meio da matriz $T_{(-\theta)} = T_\theta^{-1}$ a imagem $f(v) = (x', y')$ é trazida de volta ao vetor $v = (x, y)$. Assim:

$$f(v) = T_\theta v$$

e

$$v = T_\theta^{-1} f(v)$$

ou, na forma matricial:

$$\begin{bmatrix} x' \\ y' \end{bmatrix} = \begin{bmatrix} \cos\theta & -\sin\theta \\ \sin\theta & \cos\theta \end{bmatrix} \begin{bmatrix} x \\ y \end{bmatrix}$$

e

$$\begin{bmatrix} x \\ y \end{bmatrix} = \begin{bmatrix} \cos\theta & \sin\theta \\ -\sin\theta & \cos\theta \end{bmatrix} \begin{bmatrix} x' \\ y' \end{bmatrix}$$

3.8.5 — Problemas Resolvidos

1) Determinar a matriz da transformação linear f em $\mathbb{R}^2$ que representa um cisalhamento de fator 2 na direção horizontal seguida de uma reflexão em relação ao eixo dos y.

Solução

a) A matriz canônica do cisalhamento de fator 2 é

$$A_1 = \begin{bmatrix} 1 & 2 \\ 0 & 1 \end{bmatrix}$$

e, por conseguinte, por meio de A_1, se obtém $f_1(v) = (x', y')$ a partir de $v = (x, y)$:

$$\begin{bmatrix} x' \\ y' \end{bmatrix} = \begin{bmatrix} 1 & 2 \\ 0 & 1 \end{bmatrix} \begin{bmatrix} x \\ y \end{bmatrix} \quad (1)$$

b) A matriz canônica da reflexão, em relação ao eixo dos y, é:

$$A_2 = \begin{bmatrix} -1 & 0 \\ 0 & 1 \end{bmatrix}$$

e, por conseguinte, por meio de A_2, se obtém $f_2(x', y') = (x'', y'')$ a partir de (x', y'):

$$\begin{bmatrix} x'' \\ y'' \end{bmatrix} = \begin{bmatrix} -1 & 0 \\ 0 & 1 \end{bmatrix} \begin{bmatrix} x' \\ y' \end{bmatrix} \quad (2)$$

Substituindo (1) em (2), tem-se:

$$\begin{bmatrix} x'' \\ y'' \end{bmatrix} = \begin{bmatrix} -1 & 0 \\ 0 & 1 \end{bmatrix} \begin{bmatrix} 1 & 2 \\ 0 & 1 \end{bmatrix} \begin{bmatrix} x \\ y \end{bmatrix}$$

ou

$$\begin{bmatrix} x'' \\ y'' \end{bmatrix} = \begin{bmatrix} -1 & -2 \\ 0 & 1 \end{bmatrix} \begin{bmatrix} x \\ y \end{bmatrix}$$

Portanto, a matriz

$$A_2 A_1 = \begin{bmatrix} -1 & -2 \\ 0 & 1 \end{bmatrix},$$

representa a transformação composta $f = f_2 \circ f_1$ do cisalhamento com a reflexão.

• É de assinalar-se que, conforme foi visto no estudo de composição de transformações lineares, item 3.7.3, a matriz da composição é obtida pelo produto das matrizes que representam cada transformação, tomadas na ordem inversa: $A_2 A_1$. Esse fato continua válido no caso de haver uma composição com mais de duas transformações lineares.

2) Sabendo que $e_1 = (1, 0)$ e $e_2 = (0, 1)$, calcular as imagens $f_\theta (e_1)$ e $f_\theta (e_2)$ pela rotação do plano de um ângulo $\theta = 30°$.

Solução

a) $f_\theta (e_1) = (x', y') = T_\theta e_1$

ou

$$\begin{bmatrix} x' \\ y' \end{bmatrix} = \begin{bmatrix} \cos 30° & -\operatorname{sen} 30° \\ \operatorname{sen} 30° & \cos 30° \end{bmatrix} \begin{bmatrix} 1 \\ 0 \end{bmatrix}$$

$$\begin{bmatrix} x' \\ y' \end{bmatrix} = \begin{bmatrix} \dfrac{\sqrt{3}}{2} & -\dfrac{1}{2} \\ \dfrac{1}{2} & \dfrac{\sqrt{3}}{2} \end{bmatrix} \begin{bmatrix} 1 \\ 0 \end{bmatrix} = \begin{bmatrix} \dfrac{\sqrt{3}}{2} \\ \dfrac{1}{2} \end{bmatrix}$$

b) $f_\theta(e_2) = (x'', y'') = T_\theta e_2$

ou

$$\begin{bmatrix} x'' \\ y'' \end{bmatrix} = \begin{bmatrix} \cos 30° & -\sen 30° \\ \sen 30° & \cos 30° \end{bmatrix} \begin{bmatrix} 0 \\ 1 \end{bmatrix}$$

$$\begin{bmatrix} x'' \\ y'' \end{bmatrix} = \begin{bmatrix} \dfrac{\sqrt{3}}{2} & -\dfrac{1}{2} \\ \dfrac{1}{2} & \dfrac{\sqrt{3}}{2} \end{bmatrix} \begin{bmatrix} 0 \\ 1 \end{bmatrix} = \begin{bmatrix} -\dfrac{1}{2} \\ \dfrac{\sqrt{3}}{2} \end{bmatrix}$$

- Partindo das imagens $(x', y') = (\dfrac{\sqrt{3}}{2}, \dfrac{1}{2})$ e $(x'', y'') = (-\dfrac{1}{2}, \dfrac{\sqrt{3}}{2})$, pode-se determinar os vetores de partida (a', b') e (a'', b''), respectivamente, por meio de uma rotação no plano de um ângulo de -30°. De fato:

a) $\begin{bmatrix} a' \\ b' \end{bmatrix} = \begin{bmatrix} \cos 30° & \sen 30° \\ -\sen 30° & \cos 30° \end{bmatrix} \begin{bmatrix} \dfrac{\sqrt{3}}{2} \\ \dfrac{1}{2} \end{bmatrix}$

$$\begin{bmatrix} a' \\ b' \end{bmatrix} = \begin{bmatrix} \dfrac{\sqrt{3}}{2} & \dfrac{1}{2} \\ -\dfrac{1}{2} & \dfrac{\sqrt{3}}{2} \end{bmatrix} \begin{bmatrix} \dfrac{\sqrt{3}}{2} \\ \dfrac{1}{2} \end{bmatrix} = \begin{bmatrix} 1 \\ 0 \end{bmatrix}$$

b) $\begin{bmatrix} a'' \\ b'' \end{bmatrix} = \begin{bmatrix} \cos 30° & \sen 30° \\ -\sen 30° & \cos 30° \end{bmatrix} \begin{bmatrix} -\dfrac{1}{2} \\ \dfrac{\sqrt{3}}{2} \end{bmatrix}$

$$\begin{bmatrix} a" \\ b" \end{bmatrix} = \begin{bmatrix} \frac{\sqrt{3}}{2} & \frac{1}{2} \\ -\frac{1}{2} & \frac{\sqrt{3}}{2} \end{bmatrix} \begin{bmatrix} -\frac{1}{2} \\ \frac{\sqrt{3}}{2} \end{bmatrix} = \begin{bmatrix} 0 \\ 1 \end{bmatrix}$$

Como se vê, (a', b') = (1, 0) = e_1 e (a", b") = (0, 1) = e_2.

3) Dado o vetor v = (4, 2), calcular a imagem f_θ (v) pela rotação do plano de um ângulo de 90°.

Solução (ver figura 3.8.5.a)

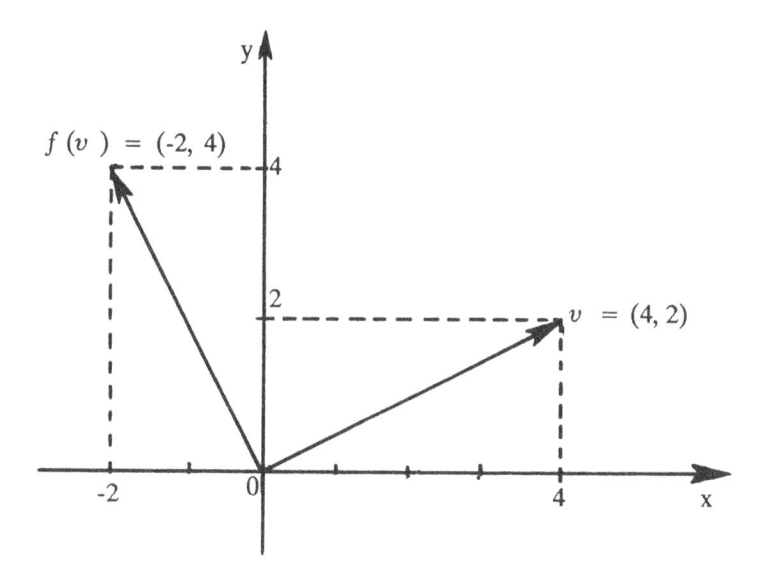

Figura 3.8.5.a

$f(v) = (x' \; y') = T_\theta v$

ou

$$\begin{bmatrix} x' \\ y' \end{bmatrix} = \begin{bmatrix} \cos 90° & -\text{sen } 90° \\ \text{sen } 90° & \cos 90° \end{bmatrix} \begin{bmatrix} 4 \\ 2 \end{bmatrix}$$

$$\begin{bmatrix} x' \\ y' \end{bmatrix} = \begin{bmatrix} 0 & -1 \\ 1 & 0 \end{bmatrix} \begin{bmatrix} 4 \\ 2 \end{bmatrix} = \begin{bmatrix} -2 \\ 4 \end{bmatrix}$$

• Assim como no problema anterior, partindo de $f(v) = (-2, 4)$, pode-se calcular o vetor de partida $v = (x, y)$ por meio de uma rotação de $-90°$:

$$v = T_\theta^{-1} f(v)$$

ou

$$\begin{bmatrix} x \\ y \end{bmatrix} = \begin{bmatrix} \cos 90° & \text{sen } 90° \\ -\text{sen } 90° & \cos 90° \end{bmatrix} \begin{bmatrix} -2 \\ 4 \end{bmatrix}$$

$$\begin{bmatrix} x \\ y \end{bmatrix} = \begin{bmatrix} 0 & 1 \\ -1 & 0 \end{bmatrix} \begin{bmatrix} -2 \\ 4 \end{bmatrix} = \begin{bmatrix} 4 \\ 2 \end{bmatrix}$$

4) Os pontos A (2, -1), B (6, 1) e C (x, y) são vértices de um triângulo eqüilátero. Calcular as coordenadas do vértice C utilizando a matriz de rotação do plano.

Solução

A Fig. 3.8.5.b permite escrever:

$$\vec{AB} = B - A = (6, 1) - (2, -1) = (4, 2)$$
$$\vec{AC} = C - A = (x, y) - (2, -1) = (x-2, y+1)$$

O vetor $\vec{AC}$ pode ser considerado a imagem do vetor $\vec{AB}$ pela rotação do plano de um ângulo de 60° em torno de A (no triângulo eqüilátero $|\vec{AB}| = |\vec{AC}|$).

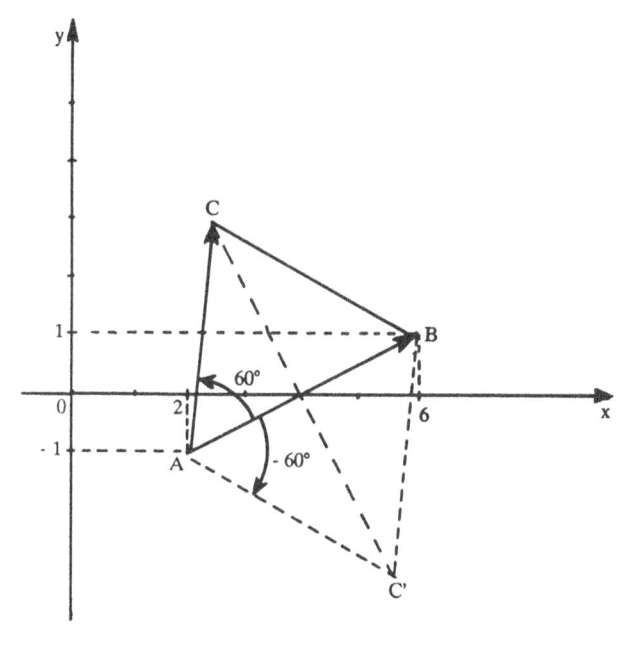

Figura 3.8.5.b

Designando o vetor $\overrightarrow{AB}$ por $v = (4, 2)$ e o vetor $\overrightarrow{AC}$ por $f_\theta(v) = (x-2, y+1)$, tem-se:

$$f_\theta(v) = T_\theta v$$

ou

$$\begin{bmatrix} x - 2 \\ y + 1 \end{bmatrix} = \begin{bmatrix} \cos 60° & -\operatorname{sen} 60° \\ \operatorname{sen} 60° & \cos 60° \end{bmatrix} \begin{bmatrix} 4 \\ 2 \end{bmatrix}$$

$$\begin{bmatrix} x - 2 \\ y + 1 \end{bmatrix} = \begin{bmatrix} \dfrac{1}{2} & -\dfrac{\sqrt{3}}{2} \\ \dfrac{\sqrt{3}}{2} & \dfrac{1}{2} \end{bmatrix} \begin{bmatrix} 4 \\ 2 \end{bmatrix}$$

$$\begin{bmatrix} x - 2 \\ y + 1 \end{bmatrix} = \begin{bmatrix} 2 - \sqrt{3} \\ 2\sqrt{3} + 1 \end{bmatrix}$$

Pela condição de igualdade de matrizes, vem:

$$\begin{cases} x - 2 = 2 - \sqrt{3} \\ y + 1 = 2\sqrt{3} + 1 \end{cases}$$

ou

$$\begin{cases} x = 4 - \sqrt{3} \\ y = 2\sqrt{3} \end{cases}$$

logo,

$$C(4 - \sqrt{3}, 2\sqrt{3})$$

- O problema tem outra solução que seria obtida fazendo uma rotação de -60° do vetor $\vec{AB} = v$ em torno de A (a cargo do leitor).

3.9 — PROBLEMAS PROPOSTOS

Nos problemas 1 a 12, dentre as funções (transformações) dadas, verificar quais delas são lineares.

1) $f: \mathbb{R}^2 \to \mathbb{R}^2, f(x, y) = (2x - y, 3x + 5y)$

2) $f: \mathbb{R}^2 \to \mathbb{R}^2, f(x, y) = (x^2, y^2)$

3) $f: \mathbb{R}^2 \to \mathbb{R}^2, f(x, y) = (x + 1, y)$

4) $f: \mathbb{R}^2 \to \mathbb{R}^2, f(x, y) = (y - x, 0)$

5) $f: \mathbb{R}^2 \to \mathbb{R}^2, f(x, y) = (|x|, 2y)$

6) $f: \mathbb{R}^2 \to \mathbb{R}, f(x, y) = xy$

7) $f: \mathbb{R}^2 \to \mathbb{R}^3, f(x,y) = (3y, -2x, 0)$

8) $f: \mathbb{R}^3 \to \mathbb{R}^3, f(x, y, z) = (x + y, x-y, -x)$

9) $f: \mathbb{R} \to \mathbb{R}^2, f(x) = (x, 2)$

10) $f: \mathbb{R}^3 \to \mathbb{R}, f(x, y, z) = 3x - 2y + z$

11) $f: \mathbb{R}^2 \to \mathbb{R}, f(x, y) = x$

12) $f: \mathbb{R}^2 \to \mathbb{R}^4, f(x, y) = (y, x, y, x)$

Nos problemas 13 a 18, dada a transformação linear $f: \mathbb{R}^2 \to \mathbb{R}^2$, definida em cada um deles,

a) fazer um gráfico de um vetor genérico $v = (x, y)$ e de sua imagem $f(v)$;

b) dizer que transformação linear plana os gráficos representam.

13) $f(x, y) = (2x, 0)$ 14) $f(x, y) = (2x, y)$

15) $f(x, y) = (-2x, 2y)$ 16) $f(x, y) = (3x, -2y)$

17) $f(x, y) = (-y, x)$ 18) $f(x, y) = -2(x, y)$

19) Seja $f: \mathbb{R}^3 \to W$ a projeção ortogonal do $\mathbb{R}^3$ sobre o plano y 0 z, indicado por W.

   a) Determinar a lei que define f;

   b) Calcular $f(3, -4, 5)$.

20) Dada a transformação linear $f: \mathbb{R}^3 \to \mathbb{R}^2$ tal que $f(1, 0, 0) = (2, 1)$, $f(0, 1, 0) = (-1, 0)$ e $f(0, 0, 1) = (1, -2)$,

   a) determinar a matriz canônica de f;

   b) calcular $f(3, 4, 5)$;

   c) calcular $f(x, y, z)$.

21) Uma transformação linear $f: \mathbb{R}^2 \to \mathbb{R}^3$ é tal que $f(-1, 1) = (3, 2, 1)$ e $f(0, 1) = (1, 1, 0)$

   Determinar:

   a) $f(2, 3)$;

   b) $f(x, y)$;

   c) $v \in \mathbb{R}^2$ tal que $f(v) = (-2, 1, -3)$.

22) Seja $f: \mathbb{R}^3 \to \mathbb{R}^2$ a transformação linear definida por $f(1, 1, 1) = (1, 2)$, $f(1, 1, 0) = (2, 3)$ e $f(1, 0, 0) = (3, 4)$. Determinar:

a) $f(x, y, z)$;

b) $v_1 \in \mathbb{R}^3$ tal que $f(v_1) = (-3, -2)$;

c) $v_2 \in \mathbb{R}^3$ tal que $f(v_2) = (0, 0)$.

23) Dado o operador linear $f: \mathbb{R}^2 \to \mathbb{R}^2, f(x, y) = (2x + y, 4x + 2y)$, dizer quais dos seguintes vetores pertencem a N (f):

a) $v_1 = (1, -2)$;

b) $v_2 = (2, -3)$;

c) $v_3 = (-3, 6)$.

24) Para o mesmo operador linear do problema anterior, verificar quais dos seguintes vetores pertencem à Im (f):

a) $\mu_1 = (2, 4)$;

b) $\mu_2 = (-\frac{1}{2}, -1)$;

c) $\mu_3 = (-1, 3)$.

Nos problemas 25 a 28 são apresentadas transformações lineares. Para cada uma delas determinar:

a) o núcleo, uma base desse subespaço e sua dimensão;

b) a imagem, uma base desse subespaço e sua dimensão.

Verificar ainda, em cada caso, a propriedade 3, item 3.5, relativa à dimensão.

25) $f: \mathbb{R}^2 \to \mathbb{R}^2, f(x, y) = (3x-y, -3x+y)$

26) $f: \mathbb{R}^2 \to \mathbb{R}^3, f(x, y) = (x + y, x, 2y)$

27) $f: \mathbb{R}^2 \to \mathbb{R}^2, f(x, y) = (x - 2y, x + y)$

28) $f: \mathbb{R}^3 \to \mathbb{R}^2, f(x, y, z) = (x + 2y - z, 2x - y + z)$

29) Dadas a transformação linear $f: \mathbb{R}^3 \to \mathbb{R}^2, f(x, y, z) = (2x + y - z, x + 2y)$ e as bases $A = \{(1, 0, 0), (2, -1, 0), (0, 1, 1)\}$ do $\mathbb{R}^3$ e $B = \{(-1, 1), (0, 1)\}$ do $\mathbb{R}^2$, determinar a matriz de f na bases A e B.

30) Seja a transformação linear $f: \mathbb{R}^2 \to \mathbb{R}^3, f(x,y) = (2x - y, x + 3y, -2y)$ e as bases $A = \{(-1, 1), (2, 1)\}$ e $B = \{(0, 0, 1), (0, 1, -1), (1, 1, 0)\}$. Determinar:

a) a matriz de f nas bases A e B;

b) a matriz de f nas bases A e C, sendo C a base canônica do $\mathbb{R}^3$;

c) a matriz canônica de f;

d) $f(3, 4)$ usando as matrizes obtidas em a), b) e c).

31) Seja a matriz
$$A = \begin{bmatrix} 3 & 1 \\ -1 & 0 \end{bmatrix}$$

e f o operador linear no $\mathbb{R}^2$ definido por $f(v) = Av$. Determinar a matriz de f em cada uma das seguintes bases:

a) $\{(1,0), (0,1)\}$;

b) $\{(1, 2), (1, 3)\}$.

32) Dados o operador linear $f: \mathbb{R}^2 \to \mathbb{R}^2$, $f(x,y) = (x + 2y, x - y)$ e as bases $A = \{(-1, 1), (1, 0)\}$, $B = \{(2, -1), (-1, 1)\}$ e C a canônica do $\mathbb{R}^2$, determinar T_A, T_B e T_C, matrizes do f nas bases A, B e C, respectivamente.

33) Sabendo que a matriz de uma transformação linear $f: \mathbb{R}^2 \to \mathbb{R}^3$ nas bases $A = \{(-1, 1), (1, 0)\}$ do $\mathbb{R}^2$ e $B = \{(1, 1, -1), (2, 1, 0), (3, 0, 1)\}$ do $\mathbb{R}^3$ é
$$T_1 = \begin{bmatrix} 3 & 1 \\ 2 & 5 \\ 1 & -1 \end{bmatrix},$$

determinar a expressão de $f(x, y)$ e a matriz canônica de f.

34) Dado o operador linear $f: \mathbb{R}^2 \to \mathbb{R}^2$ representado pela matriz:

$$A = \begin{bmatrix} 1 & 3 \\ -1 & 5 \end{bmatrix}$$

determinar os vetores μ, v e ω tais que:

a) $f(\mu) = \mu$;

b) $f(v) = 2v$;

c) $f(\omega) = (4, 4)$.

Os problemas 35 e 36 se referem às transformações lineares de $\mathbb{R}^2$ em $\mathbb{R}^3$ definidas por $f_1(x, y) = (x - y, 2x + y, -2x)$ e $f_2(x, y) = (2x - y, x - 3y, y)$.

35) Calcular $(f_1 - f_2)(x, y)$

36) Calcular $(3f_1 - 2f_2)(x, y)$

Os problemas 37 a 42 se referem aos operadores lineares f e g definidos por $f(x, y) = (x - 2y, y)$ e $g(x, y) = (2x, -y)$.

37) Calcular $f + g$

38) Calcular $g - f$

39) Calcular $2f + 4g$

40) Calcular $f \circ g$

41) Calcular $g \circ f$

42) Calcular $f \circ f$

43) Dado o operador linear $f: \mathbb{R}^2 \to \mathbb{R}^2$ que produz uma rotação do plano de um ângulo θ, calcular $f(-2, 4)$ e $f(x,y)$ nos casos de:

a) $\theta = \pi$;

b) $\theta = \dfrac{\pi}{4}$;

c) $\theta = \dfrac{\pi}{3}$.

44) Os pontos A (2,-1) e B (-1,4) são vértices consecutivos de um quadrado ABCD. Determinar os vértices C e D, utilizando a matriz de rotação do plano.

45) Em um triângulo ABC, os ângulos B e C medem 75° cada um. Sendo A (1, 1) e B (-1, 5), calcular as coordenadas do vértice C.

Nos problemas 46 a 49, determinar a matriz da transformação linear em $\mathbb{R}^2$ que representa a seqüência de transformações dadas em cada um deles.

46) Reflexão em relação ao eixo dos y, seguida de um cisalhamento de fator 5 na direção horizontal.

47) Rotação de 30° no sentido horário, seguida de uma duplicação dos módulos e inversão dos sentidos.

48) Rotação de 60°, seguida de uma reflexão em relação ao eixo dos y.

49) Reflexão em relação à reta y = -x, seguida de uma dilatação do fator 2 na direção 0x e, finalmente, de um cisalhamento de fator 3 na direção vertical.

3.9.1 – Respostas dos Problemas Propostos

1 a 12) São lineares as transformações dos problemas 1, 4, 7, 8, 10, 11 e 12.

13) a)

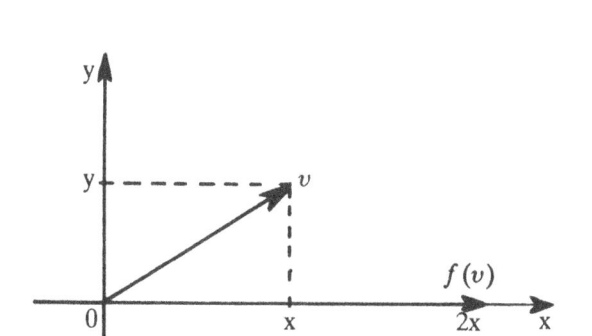

14) a)

b) Projeção do plano sobre o eixo dos x seguida de uma dilatação.

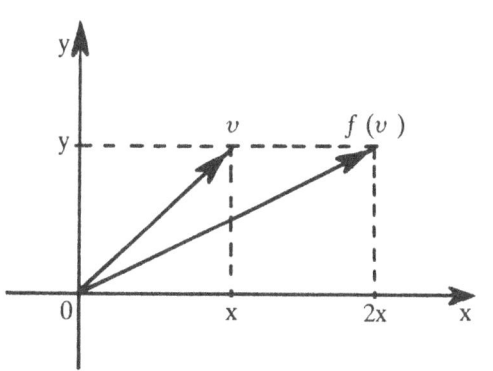

b) Dilatação na direção do eixo x.

15) a)

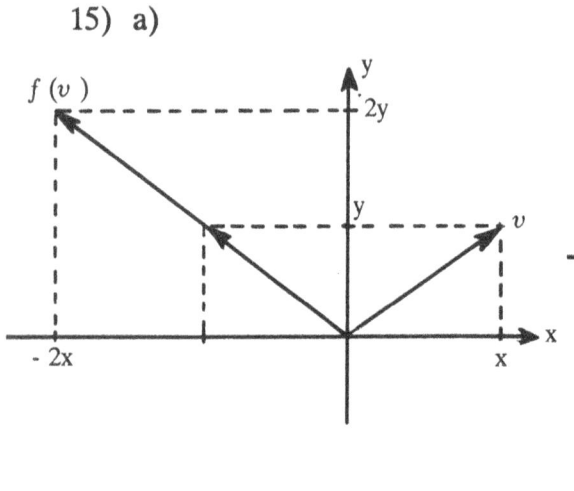

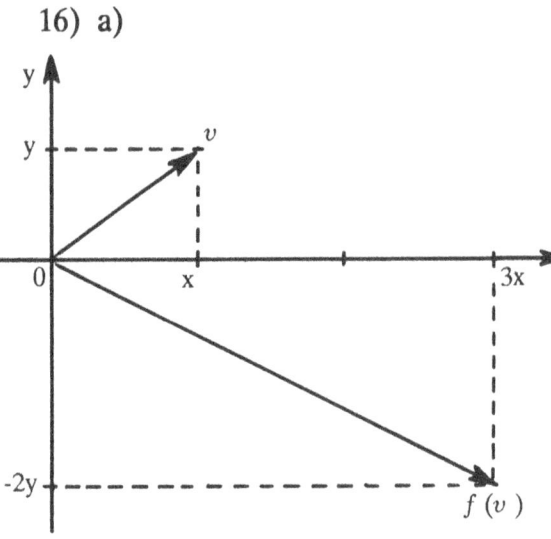

b) Reflexão em relação ao eixo do y seguida de uma dilatação.

16) a)

b) Reflexão em relação ao eixo dos x, seguida de uma dilatação de fator 2 na direção vertical e, finalmente, uma dilatação de fator 3 na direção horizontal.

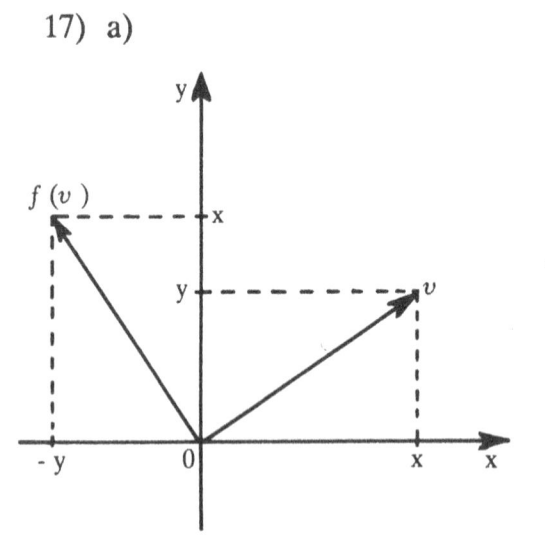

17) a)

b) Reflexão em relação ao eixo dos x seguida de uma reflexão em relação à reta y = x.

18) a)

b) Reflexão em relação à origem seguida de uma dilatação.

19) a) $f(x, y, z) = (0, y, z)$
    b) $f(3, -4, 5) = (0, -4, 5)$

20) a) $A = \begin{bmatrix} 2 & -1 & 1 \\ 1 & 0 & -2 \end{bmatrix}$;
    b) $f(3, 4, 5) = (7, -7)$;
    c) $f(x, y, z) = (2x - y + z, x - 2z)$

21) a) $f(2, 3) = (-1, 1, -2)$;
    b) $f(x, y) = (-2x + y, -x + y, -x)$;
    c) $v = (3, 4)$

22) a) $f(x, y, z) = (3x - y - z, 4x - y - z)$;
    b) $v_1 = (1, 6 - z, z)$;
    c) $v_2 = (0, -z, z)$

23) $v_1 \text{ e } v_3$

24) $\mu_1 \text{ e } \mu_2$

25) $N(f) = \{(x, 3x) / x \in \mathbb{R}\}$; $\text{Im}(f) = \{(-y, y) / y \in \mathbb{R}\}$

26) $N(f) = \{(0,0)\}$; $\text{Im}(f) = \{(x,y,z) \in \mathbb{R}^3 / 2x - 2y - z = 0\}$

27) $N(f) = \{(0,0)\}$; $\text{Im}(f) = \mathbb{R}^2$

28) $N(f) = \{(x, -3x, -5x) / x \in \mathbb{R}\}$; $\text{Im}(f) = \mathbb{R}^2$

29) $T = \begin{bmatrix} -2 & -3 & 0 \\ 3 & 3 & 2 \end{bmatrix}$

30) a) $T_1 = \begin{bmatrix} 3 & 0 \\ 5 & 2 \\ -3 & 3 \end{bmatrix}$;

b) $T_2 = \begin{bmatrix} -3 & 3 \\ 2 & 5 \\ -2 & -2 \end{bmatrix}$;

c) $T_3 = \begin{bmatrix} 2 & -1 \\ 1 & 3 \\ 0 & -2 \end{bmatrix}$

31) a) $T_1 = A = \begin{bmatrix} 3 & 1 \\ -1 & 0 \end{bmatrix}$;

b) $T_2 = \begin{bmatrix} 16 & 19 \\ -11 & -13 \end{bmatrix}$

32) $T_A = \begin{bmatrix} -2 & 1 \\ -1 & 2 \end{bmatrix}$; $T_B = \begin{bmatrix} 3 & -1 \\ 6 & -3 \end{bmatrix}$; $T_C = \begin{bmatrix} 1 & 2 \\ 1 & -1 \end{bmatrix} = T$

33) $f(x, y) = (8x + 18y, 6x + 11y, -2x - 4y)$; $T = \begin{bmatrix} 8 & 18 \\ 6 & 11 \\ -2 & -4 \end{bmatrix}$

34) a) $\mu = (0, 0)$;

b) $v = y(3, 1)$;

c) $\omega = (1, 1)$

35) $(f_1 - f_2)(x, y) = (-x, x + 4y, -2x - y)$

36) $(3f_1 - 2f_2)(x, y) = (-x - y, 4x + 9y, -6x - 2y)$

37) $(f + g)(x, y) = (3x - 2y, 0)$

38) $(g - f)(x, y) = (x + 2y, -2y)$

39) $(2f + 4g)(x, y) = (10x - 4y, -2y)$

40) $(f \circ g)(x, y) = (2x + 2y, -y)$

41) $(g \circ f)(x, y) = (2x - 4y, -y)$

42) $(f \circ f)(x, y) = (x - 4y, y)$

43) a) $f(-2, 4) = (2, -4); f(x, y) = (-x, -y)$

b) $f(-2, 4) = (-3\sqrt{2}, \sqrt{2})$; $f(x, y) = (\frac{\sqrt{2}}{2}x - \frac{\sqrt{2}}{2}y, \frac{\sqrt{2}}{2}x + \frac{\sqrt{2}}{2}y)$

c) $f(-2, 4) = (-1 - 2\sqrt{3}, 2 - \sqrt{3})$; $f(x, y) = (\frac{x}{2} - \frac{\sqrt{3}}{2}y, \frac{\sqrt{3}}{2}x + \frac{y}{2})$

44) $C(4, 7)$ e $D(7, 2)$ ou $C(-6, 1)$ e $D(-3, -4)$

45) $C(-1 - \sqrt{3}, 2\sqrt{3})$ ou $C(3 - \sqrt{3}, 2 + 2\sqrt{3})$

46) $A = \begin{bmatrix} -1 & 5 \\ 0 & 1 \end{bmatrix}$

47) $A = \begin{bmatrix} -\sqrt{3} & -1 \\ 1 & -\sqrt{3} \end{bmatrix}$

48) $A = \begin{bmatrix} -\frac{1}{2} & \frac{\sqrt{3}}{2} \\ \frac{\sqrt{3}}{2} & \frac{1}{2} \end{bmatrix}$

49) $\begin{bmatrix} 0 & -2 \\ -1 & -6 \end{bmatrix}$

Capítulo 4

OPERADORES LINEARES

4.1 – OPERADORES LINEARES

No Capítulo anterior se viu que as transformações lineares de um espaço vetorial V em si mesmo, isto é, $f : V \to V$, são chamadas *operadores lineares* sobre V.

As propriedades gerais das transformações lineares de V em W e das correspondentes matrizes retangulares são válidas para os operadores lineares. Estes e as correspondentes *matrizes quadradas* possuem, entretanto, propriedades particulares, que serão estudadas neste capítulo.

• Tendo em vista aplicações em Geometria Analítica, serão estudados, de preferência, operadores lineares em $\mathbb{R}^2$ e $\mathbb{R}^3$.

• As transformações lineares planas do capítulo anterior são todas *operadores lineares no* $\mathbb{R}^2$. Ao apresentá-las, teve-se como objetivos principais mostrar suas matrizes canônicas, a correspondente interpretação geométrica e a composição de transformações. Estas são as razões de o referido assunto ter aparecido no Capítulo 3.

4.2 – OPERADORES INVERSÍVEIS

Um operador $f: V \to V$ associa a cada vetor $v \in V$ um vetor $f(v) \in V$. Se por meio de outro operador g for possível inverter essa correspondência, de tal modo que a cada vetor transformado $f(v)$ se associe o vetor de partida v, diz-se que g é *operador inverso* de f e se indica por f^{-1}. Nesse caso $f^{-1}(f(v)) = v$ (Fig. 4.2).

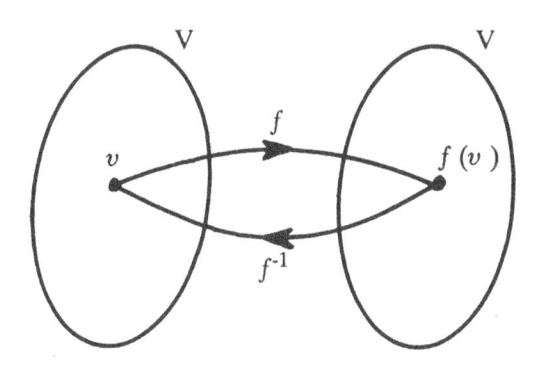

Figura 4.2

Quando o operador linear f admite o inverso f^{-1}, diz-se que f é *inversível*, ou *regular* ou *não-singular*.

4.2.1 – Propriedades dos Operadores Inversíveis

Da definição e do fato de que a cada operador linear corresponde uma matriz, decorrem as seguintes propriedades:

I) Se f é inversível e f^{-1} o seu inverso, tem-se

$$f \circ f^{-1} = f^{-1} \circ f = I \text{ (identidade)}$$

II) Se f é linear inversível, f^{-1} também é linear.

III) A matriz B de f^{-1} numa certa base (na prática será sempre considerada a base canônica) é a inversa da matriz T de f na mesma base, isto é, $B = T^{-1}$.

• Como conseqüência da propriedade III, tem-se: f é inversível se, e somente se, det T ≠ 0, fato esse que será utilizado "preferencialmente" para verificar se f é inversível.

4.2.2 – Problema Resolvido

1) Dado o operador linear $f: \mathbb{R}^2 \to \mathbb{R}^2$ definido por

$$f(x, y) = (4x - 3y, -2x + 2y),$$

a) mostrar que f é inversível;

b) determinar uma regra que defina f^{-1}.

Solução

a) A matriz canônica de f é

$$T = \begin{bmatrix} 4 & -3 \\ -2 & 2 \end{bmatrix} \text{ e } \det T = \begin{vmatrix} 4 & -3 \\ -2 & 2 \end{vmatrix} = 8 - 6 = 2 \neq 0$$

Como det T ≠ 0, f é inversível.

b) A matriz T^{-1}, inversa de T, é:

$$T^{-1} = \begin{bmatrix} \frac{2}{2} & \frac{3}{2} \\ \frac{2}{2} & \frac{4}{2} \end{bmatrix} = \begin{bmatrix} 1 & \frac{3}{2} \\ 1 & 2 \end{bmatrix}$$

logo,

$$f^{-1}(x, y) = T^{-1} \begin{bmatrix} x \\ y \end{bmatrix} = \begin{bmatrix} 1 & \frac{3}{2} \\ 1 & 2 \end{bmatrix} \begin{bmatrix} x \\ y \end{bmatrix} = \begin{bmatrix} x + \frac{3}{2}y \\ x + 2y \end{bmatrix}$$

ou

$$f^{-1}(x, y) = (x + \frac{3}{2} y, x + 2y)$$

isto é,
- Deve ser entendido que se f leva o vetor (x, y) ao vetor (x', y'),

$$\begin{bmatrix} x' \\ y' \end{bmatrix} = T \begin{bmatrix} x \\ y \end{bmatrix},$$

o operador f^{-1} traz de volta o vetor (x', y') para a posição inicial (x, y), ou seja,

$$\begin{bmatrix} x \\ y \end{bmatrix} = T^{-1} \begin{bmatrix} x' \\ y' \end{bmatrix}$$

Assim, neste problema, se $v = (x, y) = (2, 1)$:

$$\begin{bmatrix} x' \\ y' \end{bmatrix} = T \begin{bmatrix} x \\ y \end{bmatrix} = \begin{bmatrix} 4 & -3 \\ -2 & 2 \end{bmatrix} \begin{bmatrix} 2 \\ 1 \end{bmatrix} = \begin{bmatrix} 5 \\ -2 \end{bmatrix}$$

e

$$\begin{bmatrix} x \\ y \end{bmatrix} = T^{-1} \begin{bmatrix} x' \\ y' \end{bmatrix} = \begin{bmatrix} 1 & \frac{3}{2} \\ 1 & 2 \end{bmatrix} \begin{bmatrix} 5 \\ -2 \end{bmatrix} = \begin{bmatrix} 2 \\ 1 \end{bmatrix}$$

- As transformações lineares planas vistas no Capítulo 3 são todas *operadores lineares inversíveis*. Fica a cargo do leitor verificar que o inverso de uma reflexão em relação a uma reta é uma reflexão em relação à mesma reta, o inverso de uma dilatação é uma contração, etc.

4.3 – MATRIZES SEMELHANTES

Seja $f: V \to V$ um operador linear. Se A e B são bases de V e T_A e T_B as matrizes que representam o operador f nas bases A e B, respectivamente, então

$$T_B = Q^{-1} T_A Q, \tag{1}$$

sendo Q a matriz de mudança de base de B para A. De fato:

Pela definição de matriz de uma transformação linear, pode-se escrever

$$f(v)_A = T_A v_A \tag{2}$$

$$f(v)_B = T_B v_B \tag{3}$$

Designando-se por Q a matriz de mudança de base de B para A, tem-se:

$$v_A = Q v_B \tag{4}$$

$$f(v)_A = Q f(v)_B \tag{5}$$

Substituindo (4) e (5) em (2), vem:

$$Q f(v)_B = T_A Q v_B$$

Como a matriz Q é inversível, pode-se escrever:

$$Q^{-1} Q f(v)_B = Q^{-1} T_A Q v_B$$

ou

$$f(v)_B = Q^{-1} T_A Q v_B, \tag{6}$$

uma vez que $Q^{-1} Q = I$. Comparando (6) com (3), vem:

$$T_B = Q^{-1} T_A Q$$

que é a relação apresentada em (1).

É preciso que o leitor atente para o fato de que, na relação (1), a matriz Q é a matriz de mudança de base de B para A (da 2ª base para a 1ª).

As matrizes T_A e T_B são chamadas *matrizes semelhantes*.

Por conseguinte, duas matrizes são semelhantes quando definem, em V, um mesmo operador linear f, em duas bases diferentes. Mais precisamente, duas matrizes T_A e T_B são semelhantes se existe uma matriz inversível Q tal que

$$T_B = Q^{-1} T_A Q$$

4.3.1 – Propriedade de Matrizes Semelhantes

Matrizes semelhantes possuem o mesmo determinante. De fato, de

$$T_B = Q^{-1} T_A Q,$$

vem

$$Q T_B = Q Q^{-1} T_A Q$$

ou

$$Q T_B = T_A Q$$

e

$$\det Q \times \det T_B = \det T_A \times \det Q$$

ou

$$\det T_B = \det T_A.$$

4.3.2 – Problemas Resolvidos

1) Seja $f: \mathbb{R}^2 \to \mathbb{R}^2$ um operador linear e as bases $A = \{(3, 4), (5, 7)\}$ e $B = \{(1, 1), (-1, 1)\}$.

Sabendo que

$$T_A = \begin{bmatrix} -2 & 4 \\ 2 & -1 \end{bmatrix},$$

calcular T_B utilizando a relação $T_B = Q^{-1} T_A Q$.

Solução

As bases A e B, como se sabe, podem ser representadas, respectivamente, pelas matrizes

$$A = \begin{bmatrix} 3 & 5 \\ 4 & 7 \end{bmatrix} \quad e \quad B = \begin{bmatrix} 1 & -1 \\ 1 & 1 \end{bmatrix}.$$

Tendo em vista que Q é a matriz de mudança de base de B para A, pode-se escrever:

$$Q = A^{-1} B$$

mas,

$$A^{-1} = \begin{bmatrix} 7 & -5 \\ -4 & 3 \end{bmatrix},$$

portanto,

$$Q = \begin{bmatrix} 7 & -5 \\ -4 & 3 \end{bmatrix} \begin{bmatrix} 1 & -1 \\ 1 & 1 \end{bmatrix} = \begin{bmatrix} 2 & -12 \\ -1 & 7 \end{bmatrix}$$

e

$$Q^{-1} = \begin{bmatrix} \frac{7}{2} & \frac{12}{2} \\ \frac{1}{2} & \frac{2}{2} \end{bmatrix} = \begin{bmatrix} \frac{7}{2} & 6 \\ \frac{1}{2} & 1 \end{bmatrix}$$

logo,

$$T_B = \begin{bmatrix} \frac{7}{2} & 6 \\ \frac{1}{2} & 1 \end{bmatrix} \begin{bmatrix} -2 & 4 \\ 2 & -1 \end{bmatrix} \begin{bmatrix} 2 & -12 \\ -1 & 7 \end{bmatrix} =$$

$$= \begin{bmatrix} 5 & 8 \\ 1 & 1 \end{bmatrix} \begin{bmatrix} 2 & -12 \\ -1 & 7 \end{bmatrix} = \begin{bmatrix} 2 & -4 \\ 1 & -5 \end{bmatrix}$$

- Observe o leitor que det T_A = det T_B = -6

2) Dado o operador linear $f: \mathbb{R}^2 \to \mathbb{R}^2$, $f(x,y) = (2x + 9y, x + 2y)$, determinar T, matriz canônica de f, e, a seguir, utilizando a relação entre matrizes semelhantes, calcular a matriz de f na base B = {(3, 1), (-3, 1)}.

Solução

a) É imediato que a matriz canônica de f é

$$T = \begin{bmatrix} 2 & 9 \\ 1 & 2 \end{bmatrix}$$

b) A matriz Q de mudança de base de B para a base canônica A é dada por

$$Q = A^{-1} B = I^{-1} B = IB = B = \begin{bmatrix} 3 & -3 \\ 1 & 1 \end{bmatrix}$$

e

$$Q^{-1} = \begin{bmatrix} \dfrac{1}{6} & \dfrac{3}{6} \\ -\dfrac{1}{6} & \dfrac{3}{6} \end{bmatrix}$$

logo,

$$T_B = Q^{-1}TQ = \begin{bmatrix} \dfrac{1}{6} & \dfrac{3}{6} \\ -\dfrac{1}{6} & \dfrac{3}{6} \end{bmatrix} \begin{bmatrix} 2 & 9 \\ 1 & 2 \end{bmatrix} \begin{bmatrix} 3 & -3 \\ 1 & 1 \end{bmatrix} =$$

$$= \begin{bmatrix} \dfrac{5}{6} & \dfrac{15}{6} \\ \dfrac{1}{6} & -\dfrac{3}{6} \end{bmatrix} \begin{bmatrix} 3 & -3 \\ 1 & 1 \end{bmatrix} = \begin{bmatrix} 5 & 0 \\ 0 & -1 \end{bmatrix}$$

- É interessante desde já observar que a matriz diagonal T_B que representa f na base B é *mais simples, no sentido de "estrutura"* do que a matriz canônica T, fato este que não ocorreu no problema anterior com as matrizes T_A e T_B. A simplificação da matriz de um operador f está ligada à escolha adequada de uma base, pois é a matriz de mudança de base Q que atua sobre a matriz de um operador linear para transformá-la em outra matriz do mesmo operador. A escolha de uma base "certa", que torna a matriz de um operador f a mais simples possível, será objeto de estudo no próximo capítulo.

4.4 – OPERADOR ORTOGONAL

Um operador linear $f: V \to V$ é *ortogonal* se preserva o módulo de cada vetor, isto é, se para qualquer $v \in V$:

$$|f(v)| = |v|.$$

Tendo em vista que o módulo de um vetor é calculado por meio de um produto interno ($|v| = \sqrt{v \cdot v}$), os operadores ortogonais são definidos nos espaços vetoriais euclidianos.

• No estudo dos operadores ortogonais, serão consideradas somente bases ortonormais em V e, particularmente, a base canônica.

• É fundamental que, sendo α uma base ortonormal de V, o produto interno de dois vetores quaisquer de V, nessa base, é sempre o usual. Isso será demonstrado para o caso de dim V = 2, uma vez que o caso de dim V = n é similar.

Sejam $\alpha = \{\mu_1, \mu_2\}$ uma base ortonormal de V e μ e v vetores quaisquer de V, sendo

$$\mu = a_1\mu_1 + a_2\mu_2 \quad \text{ou} \quad \mu_\alpha = (a_1, a_2)$$
$$v = b_1\mu_1 + b_2\mu_2 \quad \text{ou} \quad v_\alpha = (b_1, b_2)$$

O produto interno dos vetores μ e v é

$$\begin{aligned}
\mu \cdot v &= (a_1\mu_1 + a_2\mu_2) \cdot (b_1\mu_1 + b_2\mu_2) \\
&= a_1\mu_1 \cdot (b_1\mu_1 + b_2\mu_2) + a_2\mu_2 \cdot (b_1\mu_1 + b_2\mu_2) \\
&= a_1 b_1 (\mu_1 \cdot \mu_1) + a_1 b_2 (\mu_1 \cdot \mu_2) + a_2 b_1 (\mu_2 \cdot \mu_1) + \\
&\quad + a_2 b_2 (\mu_2 \cdot \mu_2)
\end{aligned}$$

Como α é ortonormal, isto é:

$$\mu_i \cdot \mu_j = \begin{cases} 1 \text{ se } i = j \\ 0 \text{ se } i \neq j \end{cases}$$

tem-se

$$\mu \cdot v = a_1 b_1 + a_2 b_2$$

- Representando μ e v na forma matricial, isto é,

$$\mu = \begin{bmatrix} a_1 \\ a_2 \end{bmatrix} \quad \text{e} \quad v = \begin{bmatrix} b_1 \\ b_2 \end{bmatrix},$$

pode-se escrever

$$\mu \cdot v = \mu^t v, \tag{1}$$

isto é,

$$\mu \cdot v = \begin{bmatrix} a_1 & a_2 \end{bmatrix} \begin{bmatrix} b_1 \\ b_2 \end{bmatrix} = a_1 b_1 + a_2 b_2.$$

Na notação (1), está-se identificando a matriz $\mu^t v$, de ordem 1, com o número $\mu \cdot v$, o que será utilizado em futuras demonstrações.

Exemplos

1) No $\mathbb{R}^2$, o operador linear definido por

$$f(x,y) = (\tfrac{4}{5}x - \tfrac{3}{5}y, \tfrac{3}{5}x + \tfrac{4}{5}y)$$

é ortogonal. De fato:

$$\begin{aligned}
|f(x, y)| &= \sqrt{(\tfrac{4}{5}x - \tfrac{3}{5}y)^2 + (\tfrac{3}{5}x + \tfrac{4}{5}y)^2} \\
&= \sqrt{\tfrac{16}{25}x^2 - \tfrac{24}{25}xy + \tfrac{9}{25}y^2 + \tfrac{9}{25}x^2 + \tfrac{24}{25}xy + \tfrac{16}{25}y^2} \\
&= \sqrt{\tfrac{25}{25}x^2 + \tfrac{25}{25}y^2} \\
&= \sqrt{x^2 + y^2} \\
&= |(x,y)|, \forall\, (x,y) \in \mathbb{R}^2
\end{aligned}$$

2) A rotação do plano de um ângulo θ definida por

$$f(x, y) = (x \cos \theta - y \, \text{sen} \, \theta, \; x \, \text{sen} \, \theta + y \cos \theta),$$

é ortogonal. De fato:

$$|f(x,y)| = \sqrt{(x \cos \theta - y \, \text{sen} \, \theta)^2 + (x \, \text{sen} \, \theta + y \cos \theta)^2}$$

Desenvolvendo o radicando e simplificando:

$$\begin{aligned}
|f(x,y)| &= \sqrt{(x^2 + y^2) \cos^2 \theta + (x^2 + y^2) \, \text{sen}^2 \, \theta} \\
&= \sqrt{(x^2 + y^2)(\cos^2 \theta + \text{sen}^2 \, \theta)} \\
&= \sqrt{x^2 + y^2} \\
&= |(x, y)|, \; \forall \, (x, y) \in \mathbb{R}^2
\end{aligned}$$

3) No $\mathbb{R}^3$, o operador linear definido por

$$f(x,y,z) = (-y, x, -z),$$

é ortogonal. De fato:

$$\begin{aligned}
|f(x, y, z)| &= \sqrt{(-y)^2 + x^2 + (-z)^2} = \\
&= \sqrt{x^2 + y^2 + z^2} = |(x, y, z)|
\end{aligned}$$

4.4.1 – Propriedades dos Operadores Ortogonais

I) Se $f: V \to V$ é um operador ortogonal e A a matriz de f numa base ortonormal qualquer, isto é, $f(v) = Av$, A é uma *matriz ortogonal*, ou seja, $A^t = A^{-1}$. De fato, como f é ortogonal, tem-se:

$$|f(v)| = |v|$$

ou

$$|Av| = |v|$$

ou, ainda

$$\sqrt{Av \cdot Av} = \sqrt{v \cdot v}$$

$$Av \cdot Av = v \cdot v$$

isto é,

$$(Av)^t Av = v^t v$$

$$(v^t A^t) Av = v^t v$$

ou

$$v^t (A^t A) v = v^t v$$

o que implica

$$A^t A = I \therefore A^t = A^{-1}.$$

Assim, uma matriz ortogonal é uma matriz que representa um operador ortogonal numa base ortonormal.

Exemplos

1) A matriz canônica A do exemplo 1 do item 4.4 é ortogonal, pois

$$A = \begin{bmatrix} \frac{4}{5} & -\frac{3}{5} \\ \frac{3}{5} & \frac{4}{5} \end{bmatrix} \therefore A^t = \begin{bmatrix} \frac{4}{5} & \frac{3}{5} \\ -\frac{3}{5} & \frac{4}{5} \end{bmatrix} = A^{-1}$$

2) A matriz canônica A do Exemplo 2 do item 4.4 é ortogonal, pois

$$A = \begin{bmatrix} \cos\theta & -\sin\theta \\ \sin\theta & \cos\theta \end{bmatrix} \quad \therefore \quad A^t = \begin{bmatrix} \cos\theta & \cos\theta \\ -\sin\theta & \cos\theta \end{bmatrix} = A^{-1},$$

(ver Apêndice, Probl. 3, A. 29.1.1)

II) As colunas (ou linhas) de uma matriz ortogonal são vetores ortonormais. Seja uma matriz ortogonal de ordem 2:

$$A = \begin{bmatrix} a_{11} & a_{12} \\ a_{21} & a_{22} \end{bmatrix}$$

Pretende-se provar que os vetores-coluna

$$\mu_1 = \begin{bmatrix} a_{11} \\ a_{21} \end{bmatrix} \quad e \quad \mu_2 = \begin{bmatrix} a_{12} \\ a_{22} \end{bmatrix}$$

são ortonormais. Calculando $A^t A$, tem-se:

$$A^t A = \begin{bmatrix} a_{11} & a_{21} \\ a_{12} & a_{22} \end{bmatrix} \begin{bmatrix} a_{11} & a_{12} \\ a_{21} & a_{22} \end{bmatrix} = \begin{bmatrix} a_{11}a_{11} + a_{21}a_{21} & a_{11}a_{12} + a_{21}a_{22} \\ a_{12}a_{11} + a_{22}a_{21} & a_{12}a_{12} + a_{22}a_{22} \end{bmatrix}$$

$$= \begin{bmatrix} \mu_1 \cdot \mu_1 & \mu_1 \cdot \mu_2 \\ \mu_2 \cdot \mu_1 & \mu_2 \cdot \mu_2 \end{bmatrix} = \begin{bmatrix} 1 & 0 \\ 0 & 1 \end{bmatrix}$$

Tendo em vista que $\mu_i \cdot \mu_j = \begin{cases} 1 \text{ para } i = j \\ 0 \text{ para } i \neq j, \end{cases}$

os vetores μ_1 e μ_2 são ortonormais

Estes vetores formam, conseqüentemente, uma base ortonormal do espaço vetorial correspondente. Por outro lado, os vetores-coluna de uma base ortonormal determinam uma matriz ortogonal.

Exemplo – A matriz

$$A = \begin{bmatrix} -\dfrac{1}{\sqrt{2}} & \dfrac{1}{\sqrt{2}} & 0 \\ 0 & 0 & 1 \\ \dfrac{1}{\sqrt{2}} & \dfrac{1}{\sqrt{2}} & 0 \end{bmatrix}$$

é ortogonal, pois para os vetores

$\mu_1 = (-\dfrac{1}{\sqrt{2}}, 0, \dfrac{1}{\sqrt{2}})$, $\mu_2 = (\dfrac{1}{\sqrt{2}}, 0, \dfrac{1}{\sqrt{2}})$ e $\mu_3 = (0, 1, 0)$, tem-se:

$$\mu_1 \cdot \mu_1 = \mu_2 \cdot \mu_2 = \mu_3 \cdot \mu_3 = 1$$

$$\mu_1 \cdot \mu_2 = \mu_1 \cdot \mu_3 = \mu_2 \cdot \mu_3 = 0$$

• A demonstração da propriedade II) para uma matriz ortogonal de ordem n é análoga.

III) O produto de duas matrizes ortogonais é uma matriz ortogonal.

IV) Num espaço vetorial euclidiano, a matriz de mudança de uma base ortonormal para outra base ortonormal é uma matriz ortogonal.

V) A matriz, numa base ortonormal, de um operador ortogonal $f: V \to V$ é sempre ortogonal, independente da base ortonormal do espaço vetorial V.

VI) Todo operador ortogonal $f: V \to V$ preserva o produto interno dos vetores. De fato, se μ e v são dois vetores quaisquer de V e A a matriz que representa o operador f, tem-se:

$$\begin{aligned} f(\mu) \cdot f(v) &= (A\mu) \cdot (Av) \\ &= (A\mu)^t (Av) \\ &= (\mu^t A^t) Av \\ &= \mu^t (A^t A) v \\ &= \mu^t v = \mu \cdot v. \end{aligned}$$

• Decorre dessa propriedade que todo operador ortogonal $f: V \to V$ preserva o ângulo de dois vetores, isto é, o ângulo entre dois vetores μ e v é igual ao ângulo entre $f(\mu)$ e $f(v)$.

• Fica a cargo do leitor, a título de exercício, provar as propriedades III, IV e V.

VII) Se A é uma matriz ortogonal, det A = ± 1. De fato, como A é ortogonal,

$$A^t A = I$$

logo,

$$\det(A^t A) = \det I$$

ou

$$(\det A^t) \times (\det A) = 1$$

mas,

$$\det A^t = \det A,$$

portanto,

$$(\det A)^2 = 1$$

e

$$\det A = \pm 1.$$

• Decorre dessa propriedade que todo operador ortogonal é inversível.

4.5 — OPERADOR SIMÉTRICO

Diz-se que um operador linear $f: V \to V$ é *simétrico* se a matriz A que o representa numa base ortonormal é simétrica, isto é, se

$$A = A^t$$

• Demonstra-se que a matriz, numa base ortonormal, de um operador simétrico é sempre simétrica, independente da base ortonormal do espaço vetorial. Neste estudo serão utilizadas somente bases canônicas.

Exemplos

1) O operador linear $f: \mathbb{R}^2 \to \mathbb{R}^2$, $f(x,y) = (2x + 4y, 4x - y)$ é simétrico pois a matriz canônica de f

$$A = \begin{bmatrix} 2 & 4 \\ 4 & -1 \end{bmatrix}$$

é simétrica, isto é, $A = A^t$

2) No $\mathbb{R}^3$, o operador f definido por $f(x,y,z) = (x-y, -x+3y-2z, -2y)$ é simétrico e sua matriz canônica é

$$A = \begin{bmatrix} 1 & -1 & 0 \\ -1 & 3 & -2 \\ 0 & -2 & 0 \end{bmatrix} = A^t$$

4.5.1 — Propriedade dos Operadores Simétricos

Se $f: V \to V$ é um operador simétrico, tem-se para quaisquer vetores μ e $v \in V$:

$$f(\mu) \cdot v = \mu \cdot f(v)$$

De fato, sendo $A = A^t$ a matriz simétrica de f, vem:

$$f(\mu) \cdot v = (A\mu) \cdot v$$
$$= (A\mu)^t v$$
$$= \mu^t A^t v$$
$$= \mu^t A v$$
$$= \mu \cdot A v = \mu \cdot f(v)$$

Exemplo

Sejam o operador simétrico $f: \mathbb{R}^2 \to \mathbb{R}^2$, $f(x, y) = (x + 3y, 3x - 4y)$ e os vetores $\mu = (2, 3)$ e $v = (4, 2)$. A definição do operador permite escrever

$$f(\mu) = (11, -6)$$
$$f(v) = (10, 4)$$

mas,

$$f(\mu) \cdot v = (11, -6) \cdot (4, 2) = 44 - 12 = 32$$
$$\mu \cdot f(v) = (2, 3) \cdot (10, 4) = 20 + 12 = 32$$

e, portanto,

$$f(\mu) \cdot v = \mu \cdot f(v).$$

4.6 – Problemas Propostos

Nos problemas 1 a 6 são dados operadores lineares f em $\mathbb{R}^2$ e em $\mathbb{R}^3$. Verificar quais são inversíveis e, nos casos afirmativos, determinar uma fórmula para f^{-1}.

1) $f: \mathbb{R}^2 \to \mathbb{R}^2, f(x, y) = (3x - 4y, -x + 2y)$

2) $f: \mathbb{R}^2 \to \mathbb{R}^2, f(x, y) = (x - 2y, -2x + 3)$

3) $f: \mathbb{R}^2 \to \mathbb{R}^2, f(x, y) = (2x - y, -4x + 2y)$

4) $f: \mathbb{R}^3 \to \mathbb{R}^3, f(x, y, z) = (x - y + 2z, y - z, 2y - 3z)$

5) $f: \mathbb{R}^3 \to \mathbb{R}^3, f(x, y, z) = (x, x - z, x - y - z)$

6) $f: \mathbb{R}^3 \to \mathbb{R}^3, f(x, y, z) = (x - y + 2z, y - z, -2x + y - 3z)$

7) Dado o operador linear $f: \mathbb{R}^3 \to \mathbb{R}^3$ definido pela matriz

$$A = \begin{bmatrix} 1 & 0 & 1 \\ 2 & -1 & 1 \\ 0 & 0 & -1 \end{bmatrix},$$

a) determinar a lei que define o operador f^{-1};

b) obter o vetor $v \in \mathbb{R}^3$, tal que $f(v) = (2, -3, 0)$.

8) Mostrar que o operador linear no $\mathbb{R}^3$ definido pela matriz

$$A = \begin{bmatrix} 1 & 2 & 3 \\ 2 & 3 & 4 \\ 3 & 5 & 7 \end{bmatrix}$$

não é inversível e calcular $v \in \mathbb{R}^3$ tal que $f(v) = (6, 9, 15)$.

9) Verificar se o operador linear $f: \mathbb{R}^3 \to \mathbb{R}^3$ definido por $f(1, 0, 0) = (2, -1, 0)$, $f(0, -1, 0) = (-1, -1, -1)$ e $f(0, 3, -1) = (0, 1, 1)$ é inversível e, em caso afirmativo, determinar $f^{-1}(x, y, z)$.

10) Utilizar a inversão de matrizes de ordem 2 para mostrar que:

a) a transformação linear inversa de uma reflexão em relação ao eixo dos x é uma reflexão em relação a esse eixo;

b) a transformação linear inversa de uma dilatação ao longo de um eixo é uma contração ao longo desse eixo;

c) a inversa de uma rotação do plano de um ângulo θ é a rotação do plano do ângulo $-\theta$.

Nos problemas 11 a 14, determinar, em cada um deles, primeiramente, a matriz de f na base A e, a seguir, utilizando a relação entre matrizes semelhantes, calcular a matriz de f na base B.

11) $f: \mathbb{R}^2 \to \mathbb{R}^2, f(x, y) = (x + 2y, -x + y)$

$A = \{(-1, 1), (1, 2)\}$ e $B = \{(1, -3), (0, 2)\}$

12) $f: \mathbb{R}^2 \to \mathbb{R}^2, f(x, y) = (2x - 3y, x + y)$

$A = \{(1, 0), (0, 1)\}$ e $B = \{(3, 0), (-2, -1)\}$

13) $f: \mathbb{R}^2 \to \mathbb{R}^2, f(x, y) = (7x - 4y, -4x + y)$

A é a base canônica e $B = \{(-2, 1), (1, 2)\}$

14) $f: \mathbb{R}^3 \to \mathbb{R}^3, f(x, y, z) = (x - 2y - 2z, y, 2y + 3z)$

A é a base canônica e $B = \{(0, 1, -1), (1, 0, 0), (-1, 0, 1)\}$

15) Seja $f: \mathbb{R}^2 \to \mathbb{R}^2$ um operador linear. Dadas as bases $A = \{(1, 0), (0, 1)\}$ e $B = \{(4, 1), (-11, -3)\}$ e sabendo que

$$T_B = \begin{bmatrix} 3 & 5 \\ 1 & 2 \end{bmatrix},$$

determinar T_A, utilizando a relação entre matrizes semelhantes.

16) Dado o operador linear $f: \mathbb{R}^2 \to \mathbb{R}^2, f(x, y) = (x + y, x - y)$,

a) determinar T_B, sendo $B = \{(1, 2), (0, -1)\}$;

b) utilizar T_B para calcular $f(v)_B$, sabendo que $v = (4, 2)$.

17) Determinar três matrizes semelhantes à matriz

$$A = \begin{bmatrix} 1 & 1 \\ -1 & 2 \end{bmatrix}$$

18) Quais dos seguintes operadores no $\mathbb{R}^2$ são ortogonais?

a) $f: \mathbb{R}^2 \to \mathbb{R}^2, f(x,y) = (\frac{1}{\sqrt{2}}x - \frac{1}{\sqrt{2}}y, \frac{1}{\sqrt{2}}x + \frac{1}{\sqrt{2}}y)$

b) $f: \mathbb{R}^2 \to \mathbb{R}^2, f(x, y) = (-y, -x)$

c) $f: \mathbb{R}^2 \to \mathbb{R}^2, f(x, y) = (x + y, x - y)$

19) Quais dos seguintes operadores no $\mathbb{R}^3$ são ortogonais?

a) $f: \mathbb{R}^3 \to \mathbb{R}^3, f(x, y, z) = (z, x, -y)$

b) $f: \mathbb{R}^3 \to \mathbb{R}^3, f(x, y, z) = (x, y, z)$

c) $f: \mathbb{R}^3 \to \mathbb{R}^3, f(x, y, z) = (x, 0, 0)$

d) $f: \mathbb{R}^3 \to \mathbb{R}^3, f(x, y, z) = (x, y\cos\theta + z\sin\theta, -y\sin\theta + z\cos\theta)$

Nos problemas 20 a 28, verificar quais as matrizes que são ortogonais e, dentre estas, determinar as que representam rotações.

20) $A = \begin{bmatrix} \dfrac{3}{5} & -\dfrac{4}{5} \\ \dfrac{4}{5} & \dfrac{3}{5} \end{bmatrix}$

21) $B = \begin{bmatrix} \dfrac{3}{5} & -\dfrac{4}{5} \\ \dfrac{3}{5} & \dfrac{4}{5} \end{bmatrix}$

22) $C = \begin{bmatrix} \dfrac{1}{\sqrt{5}} & \dfrac{2}{\sqrt{5}} \\ \dfrac{2}{\sqrt{5}} & -\dfrac{1}{\sqrt{5}} \end{bmatrix}$

23) $D = \begin{bmatrix} \cos\theta & \sin\theta \\ -\sin\theta & \cos\theta \end{bmatrix}$

24) $E = \begin{bmatrix} 1 & 0 & -1 \\ 1 & 1 & 0 \\ -1 & 1 & 0 \end{bmatrix}$

25) $F = \begin{bmatrix} \dfrac{1}{3} & \dfrac{2}{3} & \dfrac{2}{3} \\ \dfrac{2}{3} & -\dfrac{2}{3} & \dfrac{1}{3} \\ \dfrac{2}{3} & \dfrac{1}{3} & -\dfrac{2}{3} \end{bmatrix}$

26) $G = \begin{bmatrix} \dfrac{1}{\sqrt{3}} & \dfrac{1}{\sqrt{3}} & \dfrac{1}{\sqrt{3}} \\ 0 & \dfrac{2}{\sqrt{3}} & -\dfrac{1}{\sqrt{2}} \\ \dfrac{2}{\sqrt{6}} & -\dfrac{1}{\sqrt{6}} & -\dfrac{1}{\sqrt{6}} \end{bmatrix}$

27) $H = \begin{bmatrix} \frac{1}{\sqrt{2}} & \frac{2}{3} & \frac{1}{3\sqrt{2}} \\ -\frac{1}{\sqrt{2}} & \frac{2}{3} & \frac{1}{3\sqrt{2}} \\ 0 & -\frac{1}{3} & \frac{4}{3\sqrt{2}} \end{bmatrix}$ 28) $J = \begin{bmatrix} \cos\theta & 0 & -\text{sen}\,\theta \\ 0 & 1 & 0 \\ \text{sen}\,\theta & 0 & \cos\theta \end{bmatrix}$

29) Determinar a matriz inversa de cada uma das matrizes ortogonais do problema anterior.

30) Verificar, para a matriz

$$A = \begin{bmatrix} \frac{1}{\sqrt{2}} & \frac{1}{\sqrt{2}} \\ -\frac{1}{\sqrt{2}} & \frac{1}{\sqrt{2}} \end{bmatrix},$$

que $(A\mu) \cdot (Av) = \mu \cdot v$ para quaisquer $\mu, v \in \mathbb{R}^2$.

Nos problemas 31 e 32, construir uma matriz ortogonal cuja primeira coluna seja o vetor dado:

31) $(\frac{2}{\sqrt{5}}, -\frac{1}{\sqrt{5}})$

32) $(\frac{1}{3}, -\frac{2}{3}, -\frac{2}{3})$

33) Mostrar, por meio da multiplicação de matrizes, que uma rotação de 30° seguida de uma rotação de 60° resulta em uma rotação de 90°.

34) Determinar m e n para que os seguintes operadores no $\mathbb{R}^3$ sejam simétricos:

a) $f: \mathbb{R}^3 \to \mathbb{R}^3, f(x, y, z) = (3x - 2y, mx + y - 3z, ny + z)$

b) $f: \mathbb{R}^3 \to \mathbb{R}^3, f(x, y, z) = (x + 2z, mx + 4y + nz, 2x - 3y + z)$

4.6.1 — Respostas dos Problemas Propostos

1) $f^{-1}(x, y) = (x + 2y, \frac{1}{2}x + \frac{3}{2}y)$

2) $f^{-1}(x, y) = (-3x - 2y, -2x - y)$

3) f não é inversível.

4) $f^{-1}(x, y, z) = (x - y + z, 3y - z, 2y - z)$

5) $f^{-1}(x, y, z) = (x, y - z, x - y)$

6) f não é inversível.

7) a) $f^{-1}(x, y, z) = (x + z, 2x - y + z, -z)$

   b) $v = (2, 7, 0)$

8) $v = (z, 3 - 2z, z)$, $z \in \mathbb{R}$

9) $f^{-1}(x, y, z) = (-y + z, -2x - 4y + 7z, x + 2y - 3z)$

11) $T_A = \begin{bmatrix} 0 & -3 \\ 1 & 2 \end{bmatrix}$ e $T_B = \begin{bmatrix} -5 & 4 \\ -\frac{19}{2} & 7 \end{bmatrix}$

12) $T_A = \begin{bmatrix} 2 & -3 \\ 1 & 1 \end{bmatrix}$ e $T_B = \begin{bmatrix} 0 & \frac{5}{3} \\ -3 & 3 \end{bmatrix}$

13) $T_A = \begin{bmatrix} 7 & -4 \\ -4 & 1 \end{bmatrix}$ e $T_B = \begin{bmatrix} 9 & 0 \\ 0 & -1 \end{bmatrix}$

14) $T_A = \begin{bmatrix} 1 & -2 & -2 \\ 0 & 1 & 0 \\ 0 & 2 & 3 \end{bmatrix}$ e $T_B = \begin{bmatrix} 1 & 0 & 0 \\ 0 & 1 & 0 \\ 0 & 0 & 3 \end{bmatrix}$

15) $T_A = \begin{bmatrix} 1 & -3 \\ -1 & 4 \end{bmatrix}$

16) a) $T_B = \begin{bmatrix} 3 & -1 \\ 7 & -3 \end{bmatrix}$

b) $f(v)_B = (6, 10)$

18) São ortogonais: a) e b)

19) São ortogonais: a), b) e d)

20 a 28) São ortogonais: A, C, D, F, H e J

São rotações: A, D, F, H e J

29) A inversa de cada matriz ortogonal é a sua transposta: $A^{-1} = A^t$.

31) Resposta possível:

$$\begin{bmatrix} \dfrac{2}{\sqrt{5}} & \dfrac{1}{\sqrt{5}} \\ -\dfrac{1}{\sqrt{5}} & \dfrac{2}{\sqrt{5}} \end{bmatrix}$$

32) Resposta possível:

$$\begin{bmatrix} \dfrac{1}{3} & \dfrac{2}{3} & \dfrac{2}{3} \\ -\dfrac{2}{3} & -\dfrac{1}{3} & \dfrac{2}{3} \\ -\dfrac{2}{3} & \dfrac{2}{3} & -\dfrac{1}{3} \end{bmatrix}$$

34) a) $m = -2$ e $n = -3$

b) $m = 0$ e $n = -3$

Capítulo 5

VETORES PRÓPRIOS E VALORES PRÓPRIOS

5.1 – VETOR PRÓPRIO E VALOR PRÓPRIO DE UM OPERADOR LINEAR

Seja $f: V \to V$ um operador linear. Um vetor $v \in V$, $v \neq 0$, é *vetor próprio* do operador f se existe $\lambda \in \mathbb{R}$ tal que

$$f(v) = \lambda v$$

O número real λ tal que $f(v) = \lambda v$ é denominado *valor próprio* de f associado ao vetor próprio v.

Como se vê pela definição, um vetor $v \neq 0$ é vetor próprio se a imagem $f(v)$ for um múltiplo escalar de v. No $\mathbb{R}^2$ e no $\mathbb{R}^3$, diz-se que v e $f(v)$ têm a mesma direção. Na figura 5.1, o vetor $v \in \mathbb{R}^2$ é um vetor próprio de um operador f: dependendo de valor de λ, o operador f dilata v (Fig. 5.1.a), contrai v (Fig. 5.1.b), inverte o sentido de v (Fig. 5.1.c) ou o anula no caso de $\lambda = 0$.

$f(v) = \lambda v$

v

$\lambda > 1$

(a)

v

$f(v) = \lambda v$

$0 < \lambda < 1$

(b)

v

$f(v) = \lambda v$

$\lambda < 0$

(c)

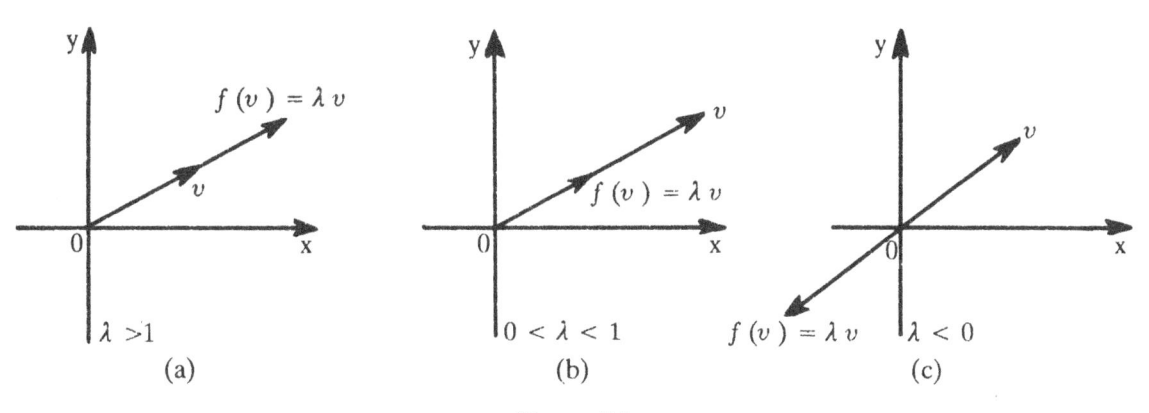

Figura 5.1

A Figura 5.1.d mostra um vetor $v \in \mathbb{R}^2$ que não é vetor próprio de um operador f.

$f(v)$

v

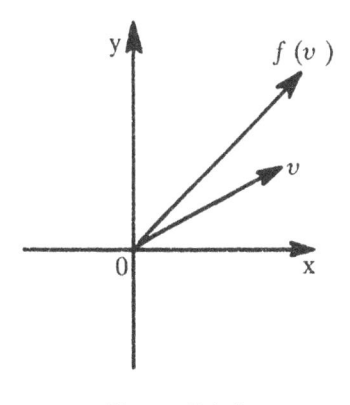

Figura 5.1.d

• Os vetores próprios são também denominados *autovetores* ou *vetores característicos*.

• Os valores próprios são também denominados *autovalores* ou *valores característicos*.

• O vetor $v = 0$ sempre satisfaz à equação $f(v) = \lambda v$ para qualquer valor de λ. Entretanto, o vetor próprio é sempre um vetor não nulo.

Exemplos

1) O vetor $v = (5,2)$ é vetor próprio do operador linear

$f: \mathbb{R}^2 \to \mathbb{R}^2$, $f(x, y) = (4x + 5y, 2x + y)$,

associado ao valor próprio $\lambda = 6$, pois:

$$f(v) = f(5, 2) = (30, 12) = 6(5, 2) = 6v$$

- A matriz canônica de f é

$$A = \begin{bmatrix} 4 & 5 \\ 2 & 1 \end{bmatrix}$$

Considerando os produtos

$$\lambda v = 6 \begin{bmatrix} 5 \\ 2 \end{bmatrix} = \begin{bmatrix} 30 \\ 12 \end{bmatrix}$$

$$A v = \begin{bmatrix} 4 & 5 \\ 2 & 1 \end{bmatrix} \begin{bmatrix} 5 \\ 2 \end{bmatrix} = \begin{bmatrix} 30 \\ 12 \end{bmatrix}$$

verifica-se que multiplicar o vetor próprio $v = (5, 2)$ pelo valor próprio associado $\lambda = 6$ é o mesmo que multiplicá-lo pela matriz canônica de f:

$$\lambda v = A v,$$

isto é,

$$6v = Av$$

Em outras palavras, a multiplicação do vetor próprio v pelo valor próprio associado λ ou pela matriz canônica A de f, tem como resultado o mesmo vetor, múltiplo escalar de v. Assim, a matriz A atua na multiplicação por v como se fosse o número real λ.

2) O vetor $v = (2,1)$ não é vetor próprio deste operador f do exemplo 1, pois

$$f(2,1) = (13, 5) \neq \lambda (2,1), \text{ para todo } \lambda \in \mathbb{R}$$

3) Sempre que um vetor v é vetor próprio de um operador linear f associado ao valor próprio λ, isto é, $f(v) = \lambda v$, o vetor αv, para qualquer real $\alpha \neq 0$, é também vetor próprio de f associado ao mesmo λ. De fato:

$$f(\alpha v) = \alpha f(v) = \alpha (\lambda v) = \lambda (\alpha v)$$

Para o exemplo 1, se se fizer $\alpha = 2$, vem:

$$2v = 2(5, 2) = (10, 4) \text{ e}$$

$$f(10, 4) = (60, 24) = 6(10, 4),$$

isto é, o vetor (10,4) é também vetor próprio associado ao mesmo valor próprio $\lambda = 6$.

Se se desejasse saber qual o vetor próprio unitário μ associado a $\lambda = 6$, bastaria fazer

$$\alpha = \frac{1}{|v|} = \frac{1}{|(5,2)|} = \frac{1}{\sqrt{5^2 + 2^2}} = \frac{1}{\sqrt{29}}$$

obtendo-se

$$\mu = \frac{1}{\sqrt{29}} (5, 2) = (\frac{5}{\sqrt{29}}, \frac{2}{\sqrt{29}})$$

Assim,

$$f(\mu) = 6\mu = 6(\frac{5}{\sqrt{29}}, \frac{2}{\sqrt{29}}) = (\frac{30}{\sqrt{29}}, \frac{12}{\sqrt{29}})$$

4) Na simetria definida no $\mathbb{R}^3$ por $f(v) = -v$, qualquer vetor $v \neq 0$ é vetor próprio associado ao valor próprio $\lambda = -1$.

5) O vetor $v = (0,1) \in \mathbb{R}^2$ é vetor próprio do operador linear definido por $f(x, y) = (x, 0)$ associado a $\lambda = 0$. De fato:

$$f(0,1) = (0, 0) = 0(0, 1)$$

Por este exemplo fica evidente que o fato de o vetor zero não poder ser, por definição, vetor próprio não impede que o número zero seja valor próprio.

5.2 — DETERMINAÇÃO DOS VALORES PRÓPRIOS E DOS VETORES PRÓPRIOS

5.2.1 — Determinação dos Valores Próprios

Sem prejuízo da generalização, considere-se um operador linear $f : \mathbb{R}^2 \to \mathbb{R}^2$ cuja matriz canônica é

$$A = \begin{bmatrix} a_{11} & a_{12} \\ a_{21} & a_{22} \end{bmatrix}$$

O fato de ser A a matriz canônica de f permite escrever:

$$f(v) = A v$$

Se v é um vetor próprio de f e λ o correspondente valor próprio, isto é:

$$f(v) = \lambda v,$$

então,

$$A v = \lambda v \quad (v \text{ é matriz-coluna de ordem } 2 \times 1)$$

ou

$$A v - \lambda v = 0$$

Tendo em vista que $v = I v$ (I é a matriz identidade), pode-se escrever:

$$A v - \lambda I v = 0$$

ou

$$(A - \lambda I)v = 0 \tag{1}$$

Fazendo $v = (x, y)$, a equação (1) fica:

$$\left(\begin{bmatrix} a_{11} & a_{12} \\ a_{21} & a_{22} \end{bmatrix} - \lambda \begin{bmatrix} 1 & 0 \\ 0 & 1 \end{bmatrix} \right) \begin{bmatrix} x \\ y \end{bmatrix} = \begin{bmatrix} 0 \\ 0 \end{bmatrix}$$

ou

$$\begin{bmatrix} a_{11} - \lambda & a_{12} \\ a_{21} & a_{22} - \lambda \end{bmatrix} \begin{bmatrix} x \\ y \end{bmatrix} = \begin{bmatrix} 0 \\ 0 \end{bmatrix} \tag{2}$$

A igualdade (2) representa um sistema homogêneo de 2 equações lineares com 2 variáveis (x e y). Se o determinante da matriz dos coeficientes das variáveis for diferente de zero, a única solução do sistema é a trivial, isto é, x = y = 0. Como se deseja vetores $v \neq 0$, deve-se obrigatoriamente ter

$$\det \begin{vmatrix} a_{11} - \lambda & a_{12} \\ a_{21} & a_{22} - \lambda \end{vmatrix} = 0 \quad \text{ou} \quad \det(A - \lambda I) = 0 \tag{3}$$

A equação (3) é denominada *equação característica* do operador f ou da matriz A e suas *raízes* são os *valores próprios* do operador f ou da matriz A. O det $(A - \lambda I)$, que é um polinômio em λ, é denominado *polinômio característico* de f ou de A.

5.2.2 — Determinação dos Vetores Próprios

Os vetores próprios correspondentes aos valores próprios encontrados serão obtidos substituindo cada valor de λ na igualdade (2) e resolvendo o respectivo sistema homogêneo de equações lineares.

5.2.3 — Problemas Resolvidos

1) Determinar os valores próprios e os vetores próprios do operador linear

$$f : \mathbb{R}^2 \to \mathbb{R}^2, f(x, y) = (4x + 5y, 2x + y)$$

Solução

I) A matriz canônica do operador f é

$$A = \begin{bmatrix} 4 & 5 \\ 2 & 1 \end{bmatrix}$$

e, portanto, a equação característica de f é

$$\det(A - \lambda I) = \begin{vmatrix} 4 - \lambda & 5 \\ 2 & 1 - \lambda \end{vmatrix}$$

isto é,

$$(4 - \lambda)(1 - \lambda) - 10 = 0$$

$$\lambda^2 - 5\lambda + 6 = 0,$$

equação do 2º grau cujas raízes são $\lambda_1 = 6$ e $\lambda_2 = -1$.

II) O sistema homogêneo que permite a determinação dos vetores próprios é $(A - \lambda I) v = 0$. Considerando $v = \begin{bmatrix} x \\ y \end{bmatrix}$, o sistema fica:

$$\begin{bmatrix} 4 - \lambda & 5 \\ 2 & 1 - \lambda \end{bmatrix} \begin{bmatrix} x \\ y \end{bmatrix} = \begin{bmatrix} 0 \\ 0 \end{bmatrix} \quad (1)$$

i) Substituindo, em (1), λ por 6, obtém-se o sistema linear homogêneo cuja solução é constituída por todos os vetores próprios associados ao valor próprio $\lambda_1 = 6$:

$$\begin{bmatrix} 4-6 & 5 \\ 2 & 1-6 \end{bmatrix} \begin{bmatrix} x \\ y \end{bmatrix} = \begin{bmatrix} 0 \\ 0 \end{bmatrix}$$

ou

$$\begin{bmatrix} -2 & 5 \\ 2 & -5 \end{bmatrix} \begin{bmatrix} x \\ y \end{bmatrix} = \begin{bmatrix} 0 \\ 0 \end{bmatrix}$$

ou, ainda

$$\begin{cases} -2x + 5y = 0 \\ 2x - 5y = 0 \end{cases}$$

Esse sistema admite uma infinidade de soluções próprias:

$$y = \frac{2}{5}x$$

e, portanto, os vetores do tipo $v_1 = (x, \frac{2}{5}x)$ ou $v_1 = x(1, \frac{2}{5})$, $x \neq 0$, ou, ainda, $v_1 = x(5, 2)$ são os vetores próprios associados ao valor próprio $\lambda_1 = 6$.

ii) Substituindo, em (1), λ por -1, obtém-se o sistema linear homogêneo cuja solução é constituída por todos os vetores próprios associados ao valor próprio $\lambda_2 = -1$:

$$\begin{bmatrix} 4+1 & 5 \\ 2 & 1+1 \end{bmatrix} \begin{bmatrix} x \\ y \end{bmatrix} = \begin{bmatrix} 0 \\ 0 \end{bmatrix}$$

ou

$$\begin{bmatrix} 5 & 5 \\ 2 & 2 \end{bmatrix} \begin{bmatrix} x \\ y \end{bmatrix} = \begin{bmatrix} 0 \\ 0 \end{bmatrix}$$

ou, ainda

$$\begin{cases} 5x + 5y = 0 \\ 2x + 2y = 0 \end{cases}$$

Esse sistema admite uma infinidade de soluções próprias:

y = - x

e, portanto, os vetores do tipo $v_2 = (x, -x)$ ou $v_2 = x(1, -1)$, $x \neq 0$, são os vetores próprios associados ao valor próprio $\lambda_2 = -1$.

2) Calcular os valores próprios e os vetores próprios da transformação linear f representada pela matriz

$$A = \begin{bmatrix} 7 & -2 & 0 \\ -2 & 6 & -2 \\ 0 & -2 & 5 \end{bmatrix}$$

Solução

I) A equação característica de A é

$$\det(A - \lambda I) = \begin{vmatrix} 7-\lambda & -2 & 0 \\ -2 & 6-\lambda & -2 \\ 0 & -2 & 5-\lambda \end{vmatrix} = 0 \qquad (1)$$

isto é,

$$(7-\lambda)\begin{vmatrix} 6-\lambda & -2 \\ -2 & 5-\lambda \end{vmatrix} - (-2)\begin{vmatrix} -2 & -2 \\ 0 & 5-\lambda \end{vmatrix} + 0\begin{vmatrix} -2 & 6-\lambda \\ 0 & -2 \end{vmatrix} = 0$$

$(7-\lambda)[(6-\lambda)(5-\lambda) - 4] + 2[-2(5-\lambda) + 0] + 0 = 0$

$(7-\lambda)(6-\lambda)(5-\lambda) - 4(7-\lambda) - 4(5-\lambda) = 0$

$(7-\lambda)(6-\lambda)(5-\lambda) - 28 + 4\lambda - 20 + 4\lambda = 0$

$(7-\lambda)(6-\lambda)(5-\lambda) - 48 + 8\lambda = 0$

$(7-\lambda)(6-\lambda)(5-\lambda) - 8(6-\lambda) = 0$

$(6-\lambda)[(7-\lambda)(5-\lambda) - 8] = 0$

$(6-\lambda)(35 - 7\lambda - 5\lambda + \lambda^2 - 8) = 0$

$(6-\lambda)(\lambda^2 - 12\lambda + 27) = 0$

$(6-\lambda)(\lambda - 3)(\lambda - 9) = 0$

As raízes dessa equação são $\lambda_1 = 3, \lambda_2 = 6$ e $\lambda_3 = 9$ e, por conseguinte, são os valores próprios de f, ou da matriz A.

A equação (1) pode ser resolvida, de modo geral, pelo processo apresentado na solução do problema 2, item A.19.1, Apêndice.

II) O sistema homogêneo de equações lineares que permite a determinação dos vetores próprios associados é $(A - \lambda I) v = 0$. Considerando

$$v = \begin{bmatrix} x \\ y \\ z \end{bmatrix},$$

o sistema fica

$$\begin{bmatrix} 7 - \lambda & -2 & 0 \\ -2 & 6 - \lambda & -2 \\ 0 & -2 & 5 - \lambda \end{bmatrix} \begin{bmatrix} x \\ y \\ z \end{bmatrix} = \begin{bmatrix} 0 \\ 0 \\ 0 \end{bmatrix} \qquad (2)$$

i) Substituindo em (2) λ por 3, obtém-se o sistema

$$\begin{bmatrix} 4 & -2 & 0 \\ -2 & 3 & -2 \\ 0 & -2 & 2 \end{bmatrix} \begin{bmatrix} x \\ y \\ z \end{bmatrix} = \begin{bmatrix} 0 \\ 0 \\ 0 \end{bmatrix},$$

isto é,

$$\begin{cases} 4x - 2y + 0z = 0 \\ -2x + 3y - 2z = 0 \\ 0x - 2y + 2z = 0 \end{cases}$$

Esse sistema admite uma infinidade de soluções próprias: $y = z = 2x$ e, portanto, os vetores $v_1 = (x, 2x, 2x) = x(1, 2, 2), x \neq 0$, são os vetores próprios associados ao valor próprio $\lambda_1 = 3$.

ii) Substituindo em (2) λ por 6, obtém-se o sistema

$$\begin{bmatrix} 1 & -2 & 0 \\ -2 & 0 & -2 \\ 0 & -2 & -1 \end{bmatrix} \begin{bmatrix} x \\ y \\ z \end{bmatrix} = \begin{bmatrix} 0 \\ 0 \\ 0 \end{bmatrix},$$

isto é,

$$\begin{cases} 1x - 2y + 0z = 0 \\ -2x + 0y - 2z = 0 \\ 0x - 2y - 1z = 0 \end{cases}$$

Esse sistema admite uma infinidade de soluções próprias: $y = \frac{1}{2}x$ e $z = -x$. Portanto, os vetores $v_2 = (x, \frac{1}{2}x, -x) = x(1, \frac{1}{2}, -1)$ ou $v_2 = x(2, 1, -2)$, $x \neq 0$, são os vetores próprios associados ao valor próprio $\lambda_2 = 6$

iii) Substituindo em (2) λ por 9, obtém-se o sistema

$$\begin{bmatrix} -2 & -2 & 0 \\ -2 & -3 & -2 \\ 0 & -2 & -4 \end{bmatrix} \begin{bmatrix} x \\ y \\ z \end{bmatrix} = \begin{bmatrix} 0 \\ 0 \\ 0 \end{bmatrix},$$

isto é,

$$\begin{cases} -2x - 2y + 0z = 0 \\ -2x - 3y - 2z = 0 \\ 0x - 2y - 4z = 0 \end{cases}$$

Esse sistema admite uma infinidade de soluções próprias: $y = -x$ e $z = \frac{1}{2}x$. Portanto, os vetores $v_3 = (x, -x, \frac{1}{2}x) = x(1, -1, \frac{1}{2})$ ou $v_3 = x(2, -2, 1)$, $x \neq 0$, são os vetores próprios associados ao valor próprio $\lambda_3 = 9$.

3) Determinar os valores próprios e os vetores próprios da matriz

$$A = \begin{bmatrix} -16 & 10 \\ -16 & 8 \end{bmatrix}$$

Solução

I) A equação característica de A é

$$\det(A - \lambda I) = \begin{vmatrix} -16 - \lambda & 10 \\ -16 & 8 - \lambda \end{vmatrix} = 0,$$

isto é,

$$(-16 - \lambda)(8 - \lambda) + 160 = 0$$

$$-128 + 16\lambda - 8\lambda + \lambda^2 + 160 = 0$$

$$\lambda^2 + 8\lambda + 32 = 0,$$

equação do 2º grau cujas raízes são $\lambda = -4 \pm 4i$, isto é, $\lambda_1 = 4 + 4i$ e $\lambda_2 = 4 - 4i$, e, por conseguinte, a matriz A não possui valores próprios nem vetores próprios.

• Se na definição de valor próprio de um operador linear f se admitisse λ qualquer, real ou complexo, se poderia dizer que a matriz A possui valores próprios complexos e, em conseqüência, vetores próprios de componentes complexas. Neste texto se consideram, apenas, valores próprios reais.

5.3 — PROPRIEDADES DOS VALORES PRÓPRIOS E DOS VETORES PRÓPRIOS

I) Se λ é um valor próprio de um operador linear $f: V \to V$, o conjunto S_λ de todos os vetores $v \in V$, inclusive o vetor $v = 0$, tais que $f(v) = \lambda v$, é um subespaço vetorial de V ($S_\lambda = \{v \in V / f(v) = \lambda v \}$). De fato, se v_1 e $v_2 \in S_\lambda$:

$$f(v_1 + v_2) = f(v_1) + f(v_2) = \lambda v_1 + \lambda v_2 = \lambda(v_1 + v_2),$$

e, portanto, $(v_1 + v_2) \in S_\lambda$.

Analogamente, verifica-se que $\alpha v \in S_\lambda$ para todo $\alpha \in \mathbb{R}$.

O subespaço S_λ é denominado *subespaço associado* ao valor próprio λ.

No problema 1, por exemplo, viu-se que ao valor próprio $\lambda = 6$ correspondem os vetores próprios do tipo $v = x\,(5,2)$. Assim o subespaço associado a $\lambda = 6$ é

$$S_6 = \{\,x\,(5,2)\,/\,x \in \mathbb{R}\,\} = [(5,2)]$$

que representa uma reta que passa pela origem do sistema xOy (Fig. 5.3).

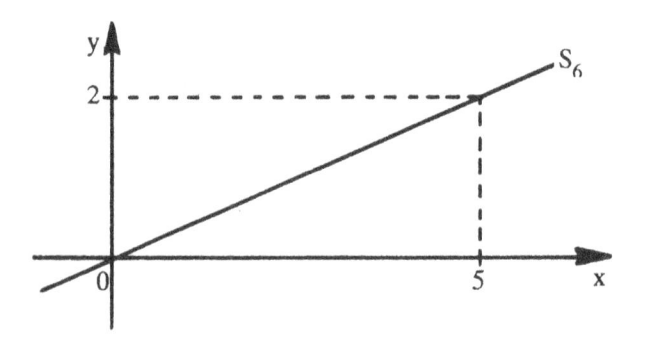

Figura 5.3

II) Matrizes semelhantes têm o mesmo polinômio característico e, por isso, os mesmos valores próprios. De fato, sejam $f : V \to V$ um operador linear e A e B bases de V. Tendo em vista que a relação entre matrizes semelhantes é

$$T_B = Q^{-1} T_A Q,$$

conforme foi visto em 4.3, vem:

$$\begin{aligned}
\det(T_B - \lambda I) &= \det(Q^{-1} T_A Q - \lambda I) \\
&= \det(Q^{-1} T_A Q - \lambda Q^{-1} I Q) \\
&= \det(Q^{-1} (T_A - \lambda I) Q) \\
&= \det Q^{-1} \times \det(T_A - \lambda I) \times \det Q \\
&= \det Q^{-1} \times \det Q \times \det(T_A - \lambda I)
\end{aligned}$$

$$= \det(Q^{-1}Q) \times \det(T_A - \lambda I)$$
$$= \det I \times \det(T_A - \lambda I)$$
$$= \det(T_A - \lambda I)$$

5.4 — DIAGONALIZAÇÃO DE OPERADORES

Sabe-se que, dado um operador linear $f : V \to V$, a cada base B de V corresponde uma matriz T_B que representa f na base B. Pretende-se obter uma base do espaço vetorial V de modo que a matriz de f, nessa base, seja a mais simples possível. A seguir se verá que essa matriz é uma matriz diagonal.

5.4.1 — Propriedades

I) Vetores próprios associados a valores próprios distintos de um operador linear $f : V \to V$ são linearmente independentes.

A demonstração será feita para o caso de $f : \mathbb{R}^2 \to \mathbb{R}^2$ em que λ_1 e λ_2 são distintos.

Sejam $f(v_1) = \lambda_1 v_1$ e $f(v_2) = \lambda_2 v_2$, com $\lambda_1 \neq \lambda_2$ e considere-se a igualdade

$$a_1 v_1 + a_2 v_2 = 0 \tag{1}$$

Pela linearidade de f, tem-se:

$$a_1 f(v_1) + a_2 f(v_2) = 0$$

ou

$$a_1 \lambda_1 v_1 + a_2 \lambda_2 v_2 = 0 \tag{2}$$

Multiplicando ambos os membros da igualdade (1) por λ_1, vem

$$a_1 \lambda_1 v_1 + a_2 \lambda_1 v_2 = 0 \qquad (3)$$

Subtraindo (3) de (2), tem-se

$$a_2 (\lambda_2 - \lambda_1) v_2 = 0,$$

mas,

$$\lambda_2 - \lambda_1 \neq 0 \text{ e } v_2 \neq 0,$$

logo, $a_2 = 0$.

Substituindo a_2 por seu valor em (1) e tendo em vista que $v_1 \neq 0$, tem-se

$$a_1 = 0$$

Portanto, o conjunto $\{v_1, v_2\}$ é LI, pois (1) só admite a solução trivial $a_1 = a_2 = 0$

II) Se $f : V \to V$ é um operador linear, dim $V = n$ e f possui n valores próprios distintos, o conjunto $\{v_1, v_2, ..., v_n\}$, formado pelos correspondentes vetores próprios, é uma base de V.

Esta propriedade é conseqüência imediata da propriedade anterior.

Exemplo

Dado o operador linear $f : \mathbb{R}^2 \to \mathbb{R}^2$, $f(x, y) = (-3x - 5y, 2y)$, os valores próprios de f são $\lambda_1 = 2$ e $\lambda_2 = -3$ (a cargo do leitor). Calculando os vetores próprios, obtém-se:

a) para $\lambda_1 = 2$, os vetores $v_1 = (1, -1)$, $x \neq 0$;

b) para $\lambda_2 = -3$, os vetores $v_2 = x(1, 0)$, $x \neq 0$.

Tendo em vista que $\lambda_1 \neq \lambda_2$, o conjunto $\{(1, -1), (1, 0)\}$ é uma base do $\mathbb{R}^2$.

III) Se um operador linear $f : \mathbb{R}^3 \to \mathbb{R}^3$ admite valores próprios λ_1, λ_2 e λ_3 distintos, associados a v_1, v_2 e v_3, respectivamente, a propriedade II) assegura que o conjunto $P = \{ v_1, v_2, v_3 \}$ é uma base do $\mathbb{R}^3$.

Tendo em vista que

$$f(v_1) = \lambda_1 v_1 + 0 v_2 + 0 v_3$$
$$f(v_2) = 0 v_1 + \lambda_2 v_2 + 0 v_3$$
$$f(v_3) = 0 v_1 + 0 v_2 + \lambda_3 v_3,$$

o operador f é representado na base P dos vetores próprios pela matriz diagonal

$$T_p = \begin{bmatrix} \lambda_1 & 0 & 0 \\ 0 & \lambda_2 & 0 \\ 0 & 0 & \lambda_3 \end{bmatrix} = D,$$

cujos elementos da diagonal principal são os valores próprios de f. A matriz diagonal D é a mais simples representante do operador linear f.

5.4.2 — Matriz Diagonalizável

Sendo A a matriz canônica do operador f, as matrizes A e D são semelhantes por representarem o mesmo operador em bases diferentes. Logo, a relação entre matrizes semelhantes (ver item 4.3) permite escrever

$$D = Q^{-1} A Q \tag{1}$$

sendo Q a matriz de mudança de base de P para a matriz canônica

$$C = \{ e_1 = (1, 0, 0), e_2 = (0, 1, 0), e_3 = (0, 0, 1) \}.$$

Tendo em vista que

$$Q = C^{-1} P = I^{-1} P = P,$$

a igualdade (1) escreve-se:

$$D = P^{-1} A P, \qquad (2)$$

sendo P a matriz cujas colunas são os vetores próprios do operador f (P está designando tanto a base dos vetores próprios de f quanto a matriz ora descrita; no contexto, identifica-se quando se trata de uma ou de outra).

A igualdade (2) dá motivo à definição a seguir:

A *matriz quadrada A é diagonizável* se existe uma matriz inversível P tal que P^{-1} A P seja matriz diagonal.

Diz-se, nesse caso, que a matriz P diagonaliza A ou que P é a matriz diagonalizadora.

A definição acima pode ser expressa de modo equivalente: um operador linear $f : V \to V$ é *diagonalizável* se existe uma base de V formada por vetores próprios de f.

5.4.3 — Problemas Resolvidos

1) Determinar uma matriz P que diagonaliza a matriz

$$A = \begin{bmatrix} 3 & -1 & 1 \\ -1 & 5 & -1 \\ 1 & -1 & 3 \end{bmatrix}$$

e calcular P^{-1} A P.

Solução

Os valores próprios e os correspondentes vetores próprios de A são $\lambda_1 = 2$ e $v_1 = (1, 0, -1)$, $\lambda_2 = 3$ e $v_2 = (1, 1, 1)$, $\lambda_3 = 6$ e $v_3 = (1, -2, 1)$ (Ver Apêndice, A.19.1 - Prob. 2).

Como os λ_i são distintos, o conjunto P = { v_1, v_2, v_3 } forma uma base do $\mathbb{R}^3$ e, portanto, a matriz

$$P = \begin{bmatrix} 1 & 1 & 1 \\ 0 & 1 & -2 \\ -1 & 1 & 1 \end{bmatrix}$$

diagonaliza A

Calculando $P^{-1} A P$, obtém-se:

$$P^{-1}AP = \begin{bmatrix} \frac{1}{2} & 0 & -\frac{1}{2} \\ \frac{1}{3} & \frac{1}{3} & \frac{1}{3} \\ \frac{1}{6} & -\frac{1}{3} & \frac{1}{6} \end{bmatrix} \begin{bmatrix} 3 & -1 & 1 \\ -1 & 5 & -1 \\ 1 & -1 & 3 \end{bmatrix} \begin{bmatrix} 1 & 1 & 1 \\ 0 & 1 & -2 \\ -1 & 1 & 1 \end{bmatrix} =$$

$$= \begin{bmatrix} 2 & 0 & 0 \\ 0 & 3 & 0 \\ 0 & 0 & 6 \end{bmatrix} = D$$

2) Dado o operador linear $f : \mathbb{R}^2 \to \mathbb{R}^2$ definido por

$f(x, y) = (4x + 5y, 2x + y)$,

determinar uma base do $\mathbb{R}^2$ em relação à qual a matriz de f é diagonal.

Solução

A matriz canônica de f é

$$A = \begin{bmatrix} 4 & 5 \\ 2 & 1 \end{bmatrix}$$

No problema 1 de 5.2.3, viu-se que os valores próprios de f (ou de A) são $\lambda_1 = 6$ e $\lambda_2 = -1$ e os correspondentes vetores próprios são $v_1 = x(5, 2)$ e $v_2 = x(1, -1)$.

A base em relação à qual a matriz de f é diagonal é $P = \{v_1 = (5, 2), v_2 = (1, -1)\}$, base formada pelos vetores próprios de f e, portanto, a matriz

$$P = \begin{bmatrix} 5 & 1 \\ 2 & -1 \end{bmatrix},$$

diagonaliza A.

$$P^{-1}AP = \begin{bmatrix} \frac{1}{7} & \frac{1}{7} \\ \frac{2}{7} & -\frac{5}{7} \end{bmatrix} \begin{bmatrix} 4 & 5 \\ 2 & 1 \end{bmatrix} \begin{bmatrix} 5 & 1 \\ 2 & -1 \end{bmatrix} = \begin{bmatrix} 6 & 0 \\ 0 & -1 \end{bmatrix} = D$$

• Se na matriz P for trocada a ordem dos vetores-coluna, isto é, se se fizer

$$P = \begin{bmatrix} 1 & 5 \\ -1 & 2 \end{bmatrix}$$

a matriz $D = P^{-1} A P$ será

$$D = \begin{bmatrix} -1 & 0 \\ 0 & 6 \end{bmatrix}$$

3) Determinar uma matriz P que diagonaliza a matriz

$$A = \begin{bmatrix} 2 & -1 & 0 \\ 0 & 1 & -1 \\ 0 & 2 & 4 \end{bmatrix}$$

Solução

Os valores próprios e os correspondentes vetores próprios de A são $\lambda_1 = \lambda_2 = 2$ e $v_1 = (1, 0, 0)$, $\lambda_3 = 3$ e $v_3 = (1, 1, -2)$, sendo v_1 e v_3 LI (propriedade I, item 5.4.1) (a cargo do leitor).

Como só existem dois vetores LI do $\mathbb{R}^3$, não existe uma base P desse espaço constituída de vetores próprios. Logo, *a matriz A não é diagonalizável*.

• O problema 2 de 5.5.1 mostrará um exemplo de matriz A que, também como a deste problema, só possui dois valores próprios mas, em correspondência, existe uma base **P** de vetores próprios e, conseqüentemente, A é diagonalizável.

5.5 — DIAGONALIZAÇÃO DE MATRIZES SIMÉTRICAS – PROPRIEDADES

I) A equação característica de uma *matriz simétrica* tem apenas *raízes reais*.

A demonstração será feita somente para o caso de uma matriz simétrica A de ordem 2. Seja a matriz simétrica

$$A = \begin{bmatrix} p & r \\ r & q \end{bmatrix}$$

cuja equação característica é

$$\det(A - \lambda I) = \begin{vmatrix} p - \lambda & r \\ r & q - \lambda \end{vmatrix} = 0$$

isto é,

$$(p - \lambda)(q - \lambda) - r^2 = 0$$
$$pq - \lambda p - \lambda q + \lambda^2 - r^2 = 0$$
$$\lambda^2 - (p + q)\lambda + (pq - r^2) = 0$$

O discriminante dessa equação do 2º grau em λ é

$$(p + q)^2 - 4(1)(pq - r^2) = p^2 + 2pq + q^2 - 4pq + 4r^2 =$$
$$= (p - q)^2 + 4r^2$$

Tendo em vista que esse discriminante é uma soma de quadrados (não-negativa), as raízes da equação característica são reais e, por conseguinte, a matriz A possui dois valores próprios.

II) Se $f: V \to V$ é um operador linear simétrico com valores próprios distintos, os vetores próprios correspondentes são ortogonais. De fato, sejam λ_1 e λ_2 dois valores próprios de um operador linear simétrico f com $\lambda_1 \neq \lambda_2$. Sejam, ainda, $f(v_1) = \lambda_1 v_1$ e $f(v_2) = \lambda_2 v_2$, isto é, sejam v_1 e v_2 vetores próprios associados, respectivamente, a λ_1 e λ_2. Pretende-se mostrar que $v_1 . v_2 = 0$.

Sendo f um operador simétrico, pela propriedade 4.5.1, vem

$$f(v_1) . v_2 = v_1 . f(v_2)$$

ou

$$\lambda_1 v_1 . v_2 = v_1 . \lambda_2 v_2$$
$$\lambda_1 (v_1 . v_2) - \lambda_2 (v_1 . v_2) = 0$$
$$(\lambda_1 - \lambda_2)(v_1 . v_2) = 0$$

Como $\lambda_1 - \lambda_2 \neq 0$, segue-se que $v_1 . v_2 = 0$, ou seja, $v_1 \perp v_2$.

• Em 5.4.2 viu-se que uma matriz A é diagonalizada pela matriz P da base dos vetores próprios por meio de

$$D = P^{-1} A P \qquad (1)$$

No caso particular de A ser simétrica, P será uma matriz de uma base ortogonal, de acordo com a propriedade II. Às vezes, por conveniência, há interesse que a base P, além de ortogonal, seja ortonormal, o que se obtém normalizando cada vetor.

Assim, nessa condição, de acordo com a propriedade II de 4.4.1, por ser a matriz P ortogonal, tem-se:

$$P^{-1} = P^t \quad \text{e a relação (1) fica}$$
$$D = P^t A P,$$

dizendo-se, nesse caso, que P *diagonaliza* A *ortogonalmente*.

5.5.1 — Problemas Resolvidos

1) Determinar uma matriz ortogonal P que diagonaliza a matriz simétrica

$$A = \begin{bmatrix} 7 & -2 & 0 \\ -2 & 6 & -2 \\ 0 & -2 & 5 \end{bmatrix}$$

Solução

Conforme se viu no problema 2 de 5.2.3:

a) os valores próprios de A são $\lambda_1 = 3, \lambda_2 = 6$ e $\lambda_3 = 9$;

b) os vetores próprios correspondentes são $v_1 = (1, 2, 2)$, $v_2 = (2, 1, -2)$ e $v_3 = (2, -2, 1)$.

Normalizando os vetores v_1, v_2 e v_3, obtêm-se os vetores próprios unitários associados, respectivamente, aos valores próprios $\lambda_1 = 3, \lambda_2 = 6$ e $\lambda_3 = 9$:

$$\mu_1 = \frac{v_1}{|v_1|} \frac{(1,2,2)}{\sqrt{1^2 + 2^2 + 2^2}} = \frac{(1,2,2)}{\sqrt{9}} = \frac{(1,2,2)}{3} = (\frac{1}{3}, \frac{2}{3}, \frac{2}{3})$$

$$\mu_2 = \frac{v_2}{|v_2|} = \frac{(2,1,-2)}{\sqrt{9}} = (\frac{2}{3}, \frac{1}{3}, -\frac{2}{3})$$

$$\mu_3 = \frac{v_3}{|v_3|} = \frac{(2,-2,1)}{\sqrt{9}} = (\frac{2}{3}, -\frac{2}{3}, \frac{1}{3})$$

A matriz

$$P = \begin{bmatrix} \frac{1}{3} & \frac{2}{3} & \frac{2}{3} \\ \frac{2}{3} & \frac{1}{3} & -\frac{2}{3} \\ \frac{2}{3} & -\frac{2}{3} & \frac{1}{3} \end{bmatrix},$$

cujas colunas são as componentes dos vetores próprios ortonormais μ_1, μ_2 e μ_3 é ortogonal:

$$\mu_1 \cdot \mu_1 = \mu_2 \cdot \mu_2 = \mu_3 \cdot \mu_3 = 1$$

$$\mu_1 \cdot \mu_2 = \mu_1 \cdot \mu_3 = \mu_2 \cdot \mu_3 = 0$$

A matriz P diagonaliza A ortogonalmente uma vez que
$D = P^{-1} A P = P^t A P$:

$$D = \begin{bmatrix} \frac{1}{3} & \frac{2}{3} & \frac{2}{3} \\ \frac{2}{3} & \frac{1}{3} & -\frac{2}{3} \\ \frac{2}{3} & -\frac{2}{3} & \frac{1}{3} \end{bmatrix} \begin{bmatrix} 7 & -2 & 0 \\ -2 & 6 & -2 \\ 0 & -2 & 5 \end{bmatrix} \begin{bmatrix} \frac{1}{3} & \frac{2}{3} & \frac{2}{3} \\ \frac{2}{3} & \frac{1}{3} & -\frac{2}{3} \\ \frac{2}{3} & -\frac{2}{3} & \frac{1}{3} \end{bmatrix} =$$

$$= \begin{bmatrix} 3 & 0 & 0 \\ 0 & 6 & 0 \\ 0 & 0 & 9 \end{bmatrix}$$

2) Dado o operador linear simétrico $f : \mathbb{R}^3 \to \mathbb{R}^3$ definido pela matriz

$$A = \begin{bmatrix} 1 & 0 & -2 \\ 0 & 0 & 0 \\ -2 & 0 & 4 \end{bmatrix},$$

determinar uma matriz ortogonal P que diagonaliza A.

Solução

a) Os valores próprios e os correspondentes vetores próprios de A são $\lambda_1 = 5$ e $v_1 = (1, 0, -2), \lambda_2 = \lambda_3 = 0$ e $v = (2z, y, z)$ com y e z não simultaneamente nulos.

Quando v depende de mais de uma variável ($v = (2z, y, z)$) como acontece neste caso, pode-se associar a ele mais de um vetor próprio, entre si

LI, e correspondentes ao mesmo valor próprio, contrariamente ao que sucedeu no problema 3, item 5.4.3. De fato:

Fazendo, $y = 0$ e $z = 1$, por exemplo, obtém-se um vetor $v_2 = (2, 0, 1)$; e para $y = 1$ e $z = 0$, por exemplo, obtém-se outro vetor $v_3 = (0, 1, 0)$, vetores estes que são vetores próprios linearmente independentes e ortogonais, associados ao mesmo valor próprio $\lambda_2 = \lambda_3 = 0$

b) Normalizando v_1, v_2 e v_3, obtêm-se os vetores próprios ortonormais de A:

$$\mu_1 = \frac{v_1}{|v_1|} = \frac{(1, 0, -2)}{\sqrt{1^2 + 0^2 + (-2)^2}} = \frac{(1, 0, -2)}{\sqrt{5}} = (\frac{1}{\sqrt{5}}, 0, -\frac{2}{\sqrt{5}})$$

$$\mu_2 = \frac{v_2}{|v_2|} = \frac{(2, 0, 1)}{\sqrt{2^2 + 0^2 + 1^2}} = \frac{(2, 0, 1)}{\sqrt{5}} = (\frac{2}{\sqrt{5}}, 0, \frac{1}{\sqrt{5}})$$

$$\mu_3 = \frac{v_3}{|v_3|} = \frac{(0, 1, 0)}{\sqrt{0^2 + 1^2 + 0^2}} = \frac{(0, 1, 0)}{\sqrt{1}} = (0, 1, 0)$$

c) Como o conjunto $P = \{\mu_1, \mu_2, \mu_3\}$ é uma base ortonormal do $\mathbb{R}^3$, formada por vetores próprios ortonormais de A, a matriz

$$P = \begin{bmatrix} \frac{1}{\sqrt{5}} & \frac{2}{\sqrt{5}} & 0 \\ 0 & 0 & 1 \\ -\frac{2}{\sqrt{5}} & \frac{1}{\sqrt{5}} & 0 \end{bmatrix}$$

diagonaliza A ortogonalmente.

• É importante observar que se $v_2 \cdot v_3 \neq 0$, seria necessário utilizar o processo de Gram-Schmidt para se obter os vetores próprios ortogonais, isto é, para que $v_2 \cdot v_3 = 0$ e, em conseqüência, os vetores μ_1, μ_2 e μ_3 serem ortonormais.

5.6 — PROBLEMAS PROPOSTOS

Nos problemas 1 a 3, verificar, utilizando a definição, se os vetores dados são vetores próprios das correspondentes matrizes:

1) $v = (-2,1)$ e $A = \begin{bmatrix} 2 & 2 \\ 1 & 3 \end{bmatrix}$

2) $v = (1, 1, 2)$ e $A = \begin{bmatrix} 1 & 1 & 1 \\ 0 & 2 & 1 \\ 0 & 2 & 3 \end{bmatrix}$

3) $v = (-2, 1, 3)$ e $A = \begin{bmatrix} 1 & -1 & 0 \\ 2 & 3 & 2 \\ 1 & 2 & 1 \end{bmatrix}$

Nos problemas 4 a 10, determinar os valores próprios e os vetores próprios das transformações lineares dadas em cada um deles.

4) $f : \mathbb{R}^2 \to \mathbb{R}^2, f(x,y) = (x + 2y, -x + 4y)$

5) $f : \mathbb{R}^2 \to \mathbb{R}^2, f(x,y) = (2x + 2y, x + 3y)$

6) $f : \mathbb{R}^2 \to \mathbb{R}^2, f(x,y) = (5x - y, x + 3y)$

7) $f : \mathbb{R}^2 \to \mathbb{R}^2, f(x, y) = (y, -x)$

8) $f : \mathbb{R}^3 \to \mathbb{R}^3, f(x, y, z) = (x + y + z, 2y + z, 2y + 3z)$

9) $f : \mathbb{R}^3 \to \mathbb{R}^3, f(x, y, z) = (x, -2x - y, 2x + y + 2z)$

10) $f : \mathbb{R}^3 \to \mathbb{R}^3, f(x, y, z) = (x + y, y, z)$

Nos problemas 11 a 18, calcular os valores próprios e os correspondentes vetores próprios das matrizes dadas em cada um deles.

11) $A = \begin{bmatrix} 1 & 3 \\ -1 & 5 \end{bmatrix}$

12) $A = \begin{bmatrix} 2 & 1 \\ 3 & 4 \end{bmatrix}$

13) $A = \begin{bmatrix} 1 & -1 & 0 \\ 2 & 3 & 2 \\ 1 & 1 & 2 \end{bmatrix}$
14) $A = \begin{bmatrix} 3 & -1 & -3 \\ 0 & 2 & -3 \\ 0 & 0 & -1 \end{bmatrix}$

15) $A = \begin{bmatrix} 1 & 0 & 0 \\ 1 & 1 & -2 \\ 0 & 1 & -1 \end{bmatrix}$
16) $A = \begin{bmatrix} 3 & 2 & 1 \\ 1 & 4 & 1 \\ 1 & 2 & 3 \end{bmatrix}$

17) $A = \begin{bmatrix} 3 & 3 & -2 \\ 0 & -1 & 0 \\ 8 & 6 & -5 \end{bmatrix}$
18) $A = \begin{bmatrix} 0 & 0 & 2 \\ 0 & -1 & 0 \\ 2 & 0 & 0 \end{bmatrix}$

Nos problemas 19 a 26, verificar, em cada um deles, se a matriz A é diagonizável. Caso seja, determinar uma matriz P que diagonaliza A e calcular $P^{-1} A P$.

19) $A = \begin{bmatrix} 2 & 4 \\ 3 & 1 \end{bmatrix}$
20) $A = \begin{bmatrix} 9 & 1 \\ 4 & 6 \end{bmatrix}$

21) $A = \begin{bmatrix} 5 & -1 \\ 1 & 3 \end{bmatrix}$
22) $A = \begin{bmatrix} 1 & 2 & 1 \\ -1 & 3 & 1 \\ 0 & 2 & 2 \end{bmatrix}$

23) $A = \begin{bmatrix} 1 & 0 & 0 \\ -2 & 3 & -1 \\ 0 & -4 & 3 \end{bmatrix}$
24) $A = \begin{bmatrix} 2 & 3 & -1 \\ 0 & 1 & -4 \\ 0 & 0 & 3 \end{bmatrix}$

25) $A = \begin{bmatrix} 1 & -2 & -2 \\ 0 & 1 & 0 \\ 0 & 2 & 3 \end{bmatrix}$
26) $A = \begin{bmatrix} 3 & 0 & -2 \\ -5 & 1 & 5 \\ 2 & 0 & -1 \end{bmatrix}$

27) Seja o operador linear $f: \mathbb{R}^2 \to \mathbb{R}^2$ definido por

$f(x, y) = (7x - 4y, -4x + y)$

a) Determinar uma base do $\mathbb{R}^2$ em relação à qual a matriz de f é diagonal;

b) Calcular a matriz de f nessa base.

Nos problemas 28 a 31, para cada uma das matrizes simétricas A, determinar uma matriz ortogonal P para a qual $P^t A P$ seja diagonal.

28) $A = \begin{bmatrix} 3 & -1 \\ -1 & 3 \end{bmatrix}$
29) $A = \begin{bmatrix} 2 & 2 \\ 2 & 5 \end{bmatrix}$

30) $A = \begin{bmatrix} 1 & 0 & 1 \\ 0 & -1 & 0 \\ 1 & 0 & 1 \end{bmatrix}$
31) $A = \begin{bmatrix} 7 & -2 & -2 \\ -2 & 1 & 4 \\ -2 & 4 & 1 \end{bmatrix}$

Nos problemas 32 a 35, determinar uma matriz P que diagonaliza A ortogonalmente e calcular $P^{-1} A P$.

32) $A = \begin{bmatrix} 5 & 3 \\ 3 & 5 \end{bmatrix}$

33) $A = \begin{bmatrix} 0 & 0 & 2 \\ 0 & -1 & 0 \\ 2 & 0 & 0 \end{bmatrix}$

34) $A = \begin{bmatrix} 6 & 0 & 6 \\ 0 & -2 & 0 \\ 6 & 0 & 1 \end{bmatrix}$

35) $A = \begin{bmatrix} 2 & -2 & -1 \\ -2 & 2 & 1 \\ -1 & 1 & 5 \end{bmatrix}$

5.6.1 — Respostas dos Problemas Propostos

1) Sim

2) Sim

3) Não

4) $\lambda_1 = 3, v_1 = y\,(1, 1); \lambda_2 = 2, v_2 = y\,(2, 1)$

5) $\lambda_1 = 1, v_1 = y\,(-2, 1); \lambda_2 = 4, v_2 = x\,(1, 1)$

6) $\lambda_1 = \lambda_2 = 4, v = x\,(1, 1)$

7) Não existem

8) $\lambda_1 = \lambda_2 = 1, v = (x, y, -y); \lambda_3 = 4, v_3 = x\,(1, 1, 2)$

9) $\lambda_1 = 1, v_1 = z\,(3, -3, 1); \lambda_2 = -1, v_2 = z(0, -3, 1); \lambda_3 = 2, v_3 = z\,(0, 0, 1)$

10) $\lambda_1 = \lambda_2 = \lambda_3 = 1, v = (x, 0, z)$, x e z não simultaneamente nulos

11) $\lambda_1 = 2, v_1 = y\,(3, 1); \lambda_2 = 4, v_2 = y\,(1, 1)$

12) $\lambda_1 = 1, v_1 = y\,(-1, 1); \lambda_2 = 5, v_2 = x\,(1, 3)$

13) $\lambda_1 = 1, v_1 = x\,(1, 0, -1); \lambda_2 = 2, v_2 = z\,(-2, 2, 1); \lambda_3 = 3, v_3 = x\,(1, -2, -1)$

14) $\lambda_1 = -1, v_1 = x\,(1, 1, 1); \lambda_2 = 2, v_2 = x\,(1, 1, 0); \lambda_3 = 3, v_3 = x\,(1, 0, 0)$

15) $\lambda_1 = 1, v_1 = z\,(2, 2, 1); \lambda_2$ e λ_3 imaginários

16) $\lambda_1 = \lambda_2 = 2, v = (x, y, -x -2y); \lambda_3 = 6, v_3 = x\,(1, 1, 1)$

17) $\lambda_1 = \lambda_2 = \lambda_3 = -1, v = (x, y, 2x + \frac{3}{2}y)$

18) $\lambda_1 = 2, v_1 = x\,(1, 0, 1); \lambda_2 = -1, v_2 = y\,(0, 1, 0); \lambda_3 = -2, v_3 = x\,(1, 0, -1)$

19) $P = \begin{bmatrix} 1 & 4 \\ -1 & 3 \end{bmatrix}$, $\quad P^{-1}AP = \begin{bmatrix} -2 & 0 \\ 0 & 5 \end{bmatrix}$

20) $P = \begin{bmatrix} 1 & 1 \\ 1 & -4 \end{bmatrix}$, $\quad P^{-1}AP = \begin{bmatrix} 10 & 0 \\ 0 & 5 \end{bmatrix}$

21) Não é diagonalizável.

22) $P = \begin{bmatrix} 2 & 1 & 0 \\ 1 & 0 & 1 \\ 2 & 1 & -2 \end{bmatrix}$, $\quad P^{-1}AP = \begin{bmatrix} 3 & 0 & 0 \\ 0 & 2 & 0 \\ 0 & 0 & 1 \end{bmatrix}$

23) Não é diagonalizável.

24) $P = \begin{bmatrix} -3 & 1 & -7 \\ 1 & 0 & -2 \\ 0 & 0 & 1 \end{bmatrix}$, $\quad P^{-1}AP = \begin{bmatrix} 1 & 0 & 0 \\ 0 & 2 & 0 \\ 0 & 0 & 3 \end{bmatrix}$

25) $P = \begin{bmatrix} 0 & 1 & -1 \\ 1 & 0 & 0 \\ -1 & 0 & 1 \end{bmatrix}$, $\quad P^{-1}AP = \begin{bmatrix} 1 & 0 & 0 \\ 0 & 1 & 0 \\ 0 & 0 & 3 \end{bmatrix}$

26) Não é diagonalizável.

27) a) $\{(-2, 1), (1, 2)\}$ \quad b) $\begin{bmatrix} 9 & 0 \\ 0 & -1 \end{bmatrix}$

28) $P = \begin{bmatrix} \frac{1}{\sqrt{2}} & -\frac{1}{\sqrt{2}} \\ \frac{1}{\sqrt{2}} & \frac{1}{\sqrt{2}} \end{bmatrix}$ \quad 29) $P = \begin{bmatrix} \frac{1}{\sqrt{5}} & -\frac{2}{\sqrt{5}} \\ \frac{2}{\sqrt{5}} & \frac{1}{\sqrt{5}} \end{bmatrix}$

30) $P = \begin{bmatrix} \frac{1}{\sqrt{2}} & \frac{1}{\sqrt{2}} & 0 \\ 0 & 0 & 1 \\ -\frac{1}{\sqrt{2}} & \frac{1}{\sqrt{2}} & 0 \end{bmatrix}$ \quad 31) $P = \begin{bmatrix} \frac{1}{\sqrt{3}} & -\frac{2}{\sqrt{6}} & 0 \\ \frac{1}{\sqrt{3}} & \frac{1}{\sqrt{6}} & -\frac{1}{\sqrt{2}} \\ \frac{1}{\sqrt{3}} & \frac{1}{\sqrt{6}} & \frac{1}{\sqrt{2}} \end{bmatrix}$

32) $P = \begin{bmatrix} \dfrac{1}{\sqrt{2}} & -\dfrac{1}{\sqrt{2}} \\ \dfrac{1}{\sqrt{2}} & \dfrac{1}{\sqrt{2}} \end{bmatrix}$, $P^tAP = \begin{bmatrix} 8 & 0 \\ 0 & 2 \end{bmatrix}$

33) $P = \begin{bmatrix} \dfrac{1}{\sqrt{2}} & 0 & \dfrac{1}{\sqrt{2}} \\ 0 & 1 & 0 \\ \dfrac{1}{\sqrt{2}} & 0 & -\dfrac{1}{\sqrt{2}} \end{bmatrix}$, $P^tAP = \begin{bmatrix} 2 & 0 & 0 \\ 0 & -1 & 0 \\ 0 & 0 & -2 \end{bmatrix}$

34) $P = \begin{bmatrix} 0 & \dfrac{3}{\sqrt{13}} & \dfrac{2}{\sqrt{13}} \\ 1 & 0 & 0 \\ 0 & \dfrac{2}{\sqrt{13}} & -\dfrac{3}{\sqrt{13}} \end{bmatrix}$, $P^tAP = \begin{bmatrix} -2 & 0 & 0 \\ 0 & 10 & 0 \\ 0 & 0 & -3 \end{bmatrix}$

35) $P = \begin{bmatrix} -\dfrac{1}{\sqrt{6}} & \dfrac{1}{\sqrt{3}} & \dfrac{1}{\sqrt{2}} \\ \dfrac{1}{\sqrt{6}} & -\dfrac{1}{\sqrt{3}} & \dfrac{1}{\sqrt{2}} \\ \dfrac{2}{\sqrt{6}} & \dfrac{1}{\sqrt{3}} & 0 \end{bmatrix}$, $P^tAP = \begin{bmatrix} 6 & 0 & 0 \\ 0 & 3 & 0 \\ 0 & 0 & 0 \end{bmatrix}$

Capítulo 6

SIMPLIFICAÇÃO DA EQUAÇÃO GERAL DAS CÔNICAS

6.1 – CÔNICAS

Chama-se *cônica* ao lugar geométrico dos pontos do $\mathbb{R}^2$ cujas coordenadas (x, y), em relação à base canônica, satisfazem à equação do 2º grau

$$ax^2 + by^2 + 2cxy + dx + ey + f = 0 \tag{6.1}$$

na qual a, b e c não são todos nulos.

Sendo $S = \{ e_1 = (1, 0), e_2 = (0, 1) \}$ a base canônica do R^2 e $M(x, y)$ um ponto qualquer pertencente a uma cônica (uma elipse, por exemplo – Figura 6.1), pode-se escrever

$$v_s = \overrightarrow{OM} = (x, y)$$

6.2 – SIMPLIFICAÇÃO DA EQUAÇÃO GERAL DAS CÔNICAS

Com o propósito de reconhecer uma cônica e simplificar a equação geral que a representa, a equação (6.1) será, a seguir, minuciosamente analisada.

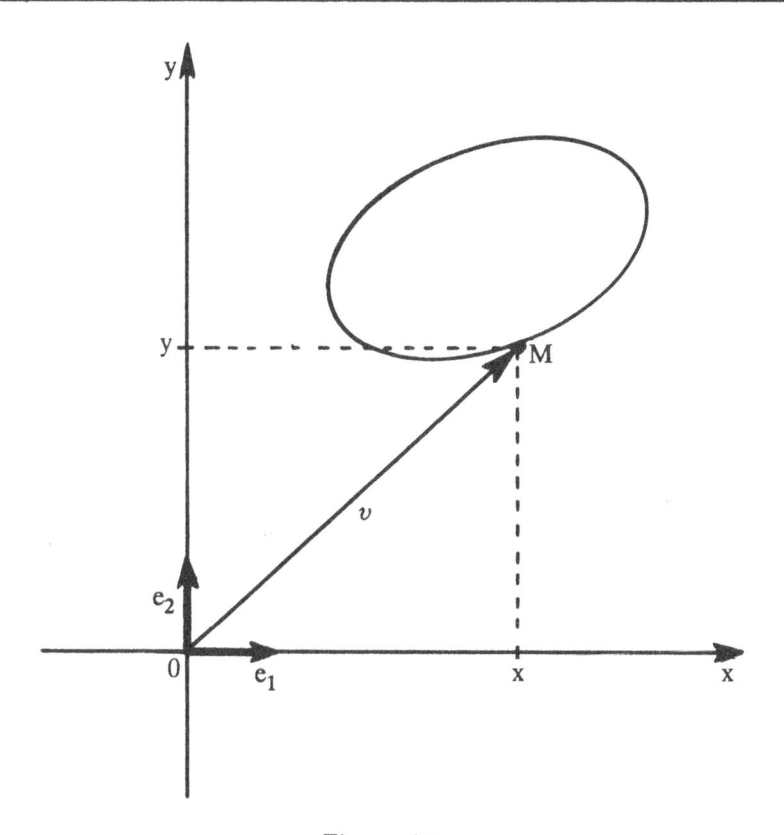

Figura 6.1

a) O polinômio $ax^2 + by^2 + 2cxy$, conhecido como *forma quadrática no plano*, pode ser representado por

$$v_s^t \, A \, v_s = \begin{bmatrix} x & y \end{bmatrix} \begin{bmatrix} a & c \\ c & b \end{bmatrix} \begin{bmatrix} x \\ y \end{bmatrix} \tag{1}$$

se se considerar

$$v_s = \begin{bmatrix} x \\ y \end{bmatrix} \quad \text{e} \quad A = \begin{bmatrix} a & c \\ c & b \end{bmatrix}$$

Observe-se que à forma quadrática $ax^2 + by^2 + 2cxy$ está sendo associada uma matriz simétrica A.

b) Em 5.5, viu-se que a matriz simétrica A é diagonalizada pela matriz ortogonal P dos vetores próprios ortonormais:

$$P^t A P = D = \begin{bmatrix} \lambda_1 & 0 \\ 0 & \lambda_2 \end{bmatrix}, \qquad (2)$$

sendo λ_1 e λ_2 os valores próprios de A.

Chamando de x' e y' as componentes do vetor v na base ortonormal $P = \{\mu_1 = (x_{11}, x_{12}), \mu_2 = (x_{21}, x_{22})\}$, isto é, $v_p = (x', y')$, tem-se:

$$v_s = P v_p \qquad (3)$$

sendo P a matriz de mudança de base de P para S.

A igualdade (3) pode ser escrita na forma matricial

$$\begin{bmatrix} x \\ y \end{bmatrix} = \begin{bmatrix} x_{11} & x_{21} \\ x_{12} & x_{22} \end{bmatrix} \begin{bmatrix} x' \\ y' \end{bmatrix} \qquad (4)$$

Tendo em vista a igualdade (3), a expressão $v_s^t A v_s$ pode ser escrita assim:

$$v_s^t A v_s = (P v_p)^t A (P v_p)$$

ou

$$v_s^t A v_s = (v_p^t P^t) A (P v_p)$$

$$v_s^t A v_s = v_p^t (P^t A P) v_p$$

$$P^t A P = D$$

$$v_s^t A v_s = v_p^t D v_p \qquad (5)$$

Considerando

$$v_p = \begin{bmatrix} x' \\ y' \end{bmatrix}$$

e as igualdades (1) e (2), a igualdade (5) fica:

$$[x \ y] \begin{bmatrix} a & c \\ c & b \end{bmatrix} \begin{bmatrix} x \\ y \end{bmatrix} = [x' \ y'] \begin{bmatrix} \lambda_1 & 0 \\ 0 & \lambda_2 \end{bmatrix} \begin{bmatrix} x' \\ y' \end{bmatrix} \quad (6)$$

ou

$$ax^2 + by^2 + 2cxy = \lambda_1 x'^2 + \lambda_2 y'^2$$

Assim, a forma quadrática $ax^2 + by^2 + 2cxy$ pode ser sempre substituída pela sua equivalente $\lambda_1 x'^2 + \lambda_2 y'^2$, chamada *forma canônica* da forma quadrática no plano ou *forma quadrática diagonalizada*.

c) A equação (6.1), item 6.1, na forma matricial é

$$[x \ y] \begin{bmatrix} a & c \\ c & b \end{bmatrix} \begin{bmatrix} x \\ y \end{bmatrix} + [d \ e] \begin{bmatrix} x \\ y \end{bmatrix} + f = 0 \quad (7)$$

e levando em consideração as igualdades (6) e (4), a igualdade (7) passa a ser

$$[x' \ y'] \begin{bmatrix} \lambda_1 & 0 \\ 0 & \lambda_2 \end{bmatrix} \begin{bmatrix} x' \\ y' \end{bmatrix} + [d \ e] \begin{bmatrix} x_{11} & x_{21} \\ x_{12} & x_{22} \end{bmatrix} \begin{bmatrix} x' \\ y' \end{bmatrix} + f = 0$$

ou

$$\lambda_1 x'^2 + \lambda_2 y'^2 + px' + qy' + f = 0, \quad (8)$$

na qual λ_1 e λ_2 são os valores próprios da matriz simétrica A, x' e y' as componentes do vetor v na base $P = \{\mu_1 = (x_{11}, x_{12}), \mu_2 = (x_{21}, x_{22})\}$, $p = d x_{11} + e x_{12}$ e $q = d x_{21} + e x_{22}$.

A equação (8) é a equação da cônica dada em (6.1), porém referida ao sistema x' 0 y' cujos eixos são determinados pela base $P = \{\mu_1, \mu_2\}$ (Fig. 6.2.a).

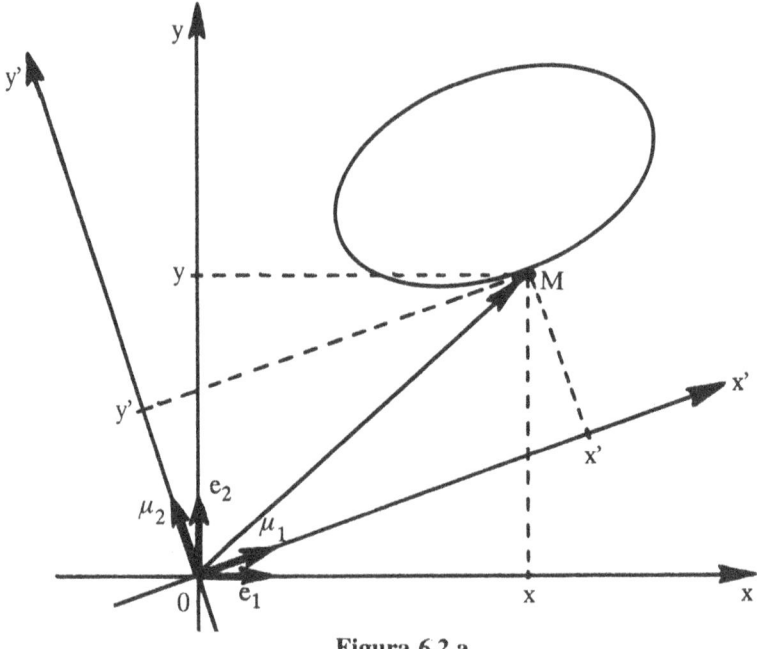

Figura 6.2.a

Não é demais insistir: a equação (6.1), item 6.1, representa a cônica referida ao sistema x 0 y enquanto a equação (8) representa a mesma cônica, referida, porém, ao sistema x' 0 y'. Assim, a passagem da equação (6.1) para a (8) ocorreu por uma mudança de referencial, isto é, por uma mudança de base. Assinale-se que esta passagem implicou uma simplificação: enquanto a equação (6.1) apresenta o termo misto em xy, a equação (8) é desprovida dele.

d) A equação (8) pode ainda ser simplificada com o objetivo de obter a *equação reduzida* da cônica. Para tanto, efetua-se uma nova mudança de coordenadas por meio de uma translação do referencial x' 0 y' para um novo X 0'Y (Fig. 6.2.b). Esta mudança de referencial é chamada *translação de eixos*.

A translação de eixos, já estudada em Geometria Analítica*, será vista apenas na prática por ocasião da solução de problemas.

---

* Ver Geometria Analítica - Alfredo Steinbruch e Paulo Winterle - Editora McGraw-Hill Ltda.

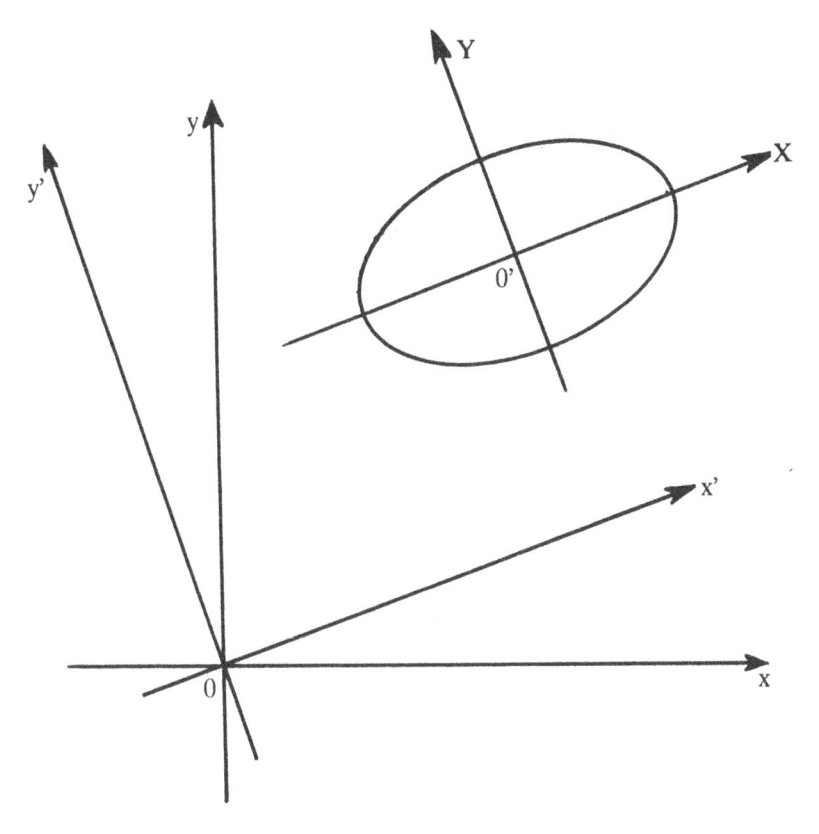

Figura 6.2.b

6.3 — CLASSIFICAÇÃO DAS CÔNICAS

Antecipando o que a prática vai mostrar, a equação reduzida da cônica, obtida por meio de uma translação de eixos, terá uma forma que dependerá dos valores próprios λ_1 e λ_2 que constam da equação (8). Uma das duas situações seguintes, como se verá nos problemas resolvidos, poderá ocorrer:

1) λ_1 e λ_2 são diferentes de zero.

Nesse caso, a equação reduzida da cônica será da forma

$$\lambda_1 X^2 + \lambda_2 Y^2 = F \tag{1}$$

e representa uma *cônica de centro*. Esta cônica será:

i) do *gênero elipse*, se λ_1 e λ_2 forem de mesmo sinal;

ii) do *gênero hipérbole*, se λ_1 e λ_2 forem de sinais contrários.

2) λ_1 ou λ_2 é igual a zero.

Se $\lambda_1 = 0$, a equação reduzida da cônica será da forma

$$\lambda_2 Y^2 + p X = 0 \tag{2}$$

Se $\lambda_2 = 0$, ter-se-á

$$\lambda_1 X^2 + q Y = 0 \tag{3}$$

As equações (2) e (3) representam uma *cônica sem centro do gênero parábola*.

6.4 — PROBLEMAS

Antes de enunciar problemas, um resumo dos itens 6.2 e 6.3 será útil para facilitar a obtenção da equação reduzida de uma cônica e sua classificação:

1º) A equação geral da cônica

$$ax^2 + by^2 + 2cxy + dx + ey + f = 0$$

é representada matricialmente por

$$\begin{bmatrix} x & y \end{bmatrix} \begin{bmatrix} a & c \\ c & b \end{bmatrix} \begin{bmatrix} x \\ y \end{bmatrix} + \begin{bmatrix} d & e \end{bmatrix} \begin{bmatrix} x \\ y \end{bmatrix} + f = 0$$

que, por *mudança de base*, é tranformada na equação

$$\begin{bmatrix} x' & y' \end{bmatrix} \begin{bmatrix} \lambda_1 & 0 \\ 0 & \lambda_2 \end{bmatrix} \begin{bmatrix} x' \\ y' \end{bmatrix} + \begin{bmatrix} d & e \end{bmatrix} \begin{bmatrix} x_{11} & x_{21} \\ x_{12} & x_{22} \end{bmatrix} \begin{bmatrix} x' \\ y' \end{bmatrix} + f = 0$$

ou

$$\lambda_1 x'^2 + \lambda_2 y'^2 + p x' + q y' + f = 0$$

2º) Esta última equação, por *translação de eixos*, é transformada numa das equações reduzidas

(1): $\lambda_1 X^2 + \lambda_2 Y^2 = F$

(2): $\lambda_2 Y^2 + p X = 0$

(3): $\lambda_1 X^2 + q Y = 0$

A (1) representa uma cônica de centro (gênero elipse ou hipérbole, conforme λ_1 e λ_2 sejam de mesmo sinal ou de sinais contrários); a (2) e a (3) representam (conforme seja $\lambda_1 = 0$ ou $\lambda_2 = 0$) uma cônica sem centro, gênero parábola.

6.4.1 — Problemas Resolvidos

1) Determinar a equação reduzida e o gênero da cônica representada pela equação

$$2x^2 + 2y^2 + 2xy + 7\sqrt{2}\, x + 5\sqrt{2}\, y + 10 = 0 \qquad (1)$$

Solução

a) 1º) Mudança de base

A equação (1) na forma matricial é

$$[x \ y] \begin{bmatrix} 2 & 1 \\ 1 & 2 \end{bmatrix} \begin{bmatrix} x \\ y \end{bmatrix} + [7\sqrt{2} \ \ 5\sqrt{2}\,] \begin{bmatrix} x \\ y \end{bmatrix} + 10 = 0$$

que, por uma mudança de base (mudança de referencial), é transformada na equação

$$[x' \ y'] \begin{bmatrix} \lambda_1 & 0 \\ 0 & \lambda_2 \end{bmatrix} \begin{bmatrix} x' \\ y' \end{bmatrix} + [7\sqrt{2} \ \ 5\sqrt{2}\,] \begin{bmatrix} x_{11} & x_{21} \\ x_{12} & x_{22} \end{bmatrix} \begin{bmatrix} x' \\ y' \end{bmatrix} + 10 = 0 \qquad (2)$$

na qual λ_1 e λ_2 são os valores próprios da matriz simétrica

$$A = \begin{bmatrix} 2 & 1 \\ 1 & 2 \end{bmatrix}$$

e as colunas

$$\mu_1 = \begin{bmatrix} x_{11} \\ x_{12} \end{bmatrix} \quad \text{e} \quad \mu_2 = \begin{bmatrix} x_{21} \\ x_{22} \end{bmatrix}$$

são os vetores próprios unitários de A, associados a λ_1 e λ_2, respectivamente.

Os valores próprios de A são

$$\lambda_1 = 3 \text{ e } \lambda_2 = 1$$

e os vetores próprios de A são $v_1 = (1, 1)$ e $v_2 = (-1, 1)$, sendo os seus respectivos vetores unitários

$$\mu_1 = (\frac{1}{\sqrt{2}}, \frac{1}{\sqrt{2}}) \quad \text{ou} \quad \mu_1 = \begin{bmatrix} \frac{1}{\sqrt{2}} \\ \frac{1}{\sqrt{2}} \end{bmatrix}$$

$$\mu_2 = (-\frac{1}{\sqrt{2}}, \frac{1}{\sqrt{2}}) \quad \text{ou} \quad \mu_2 = \begin{bmatrix} -\frac{1}{\sqrt{2}} \\ \frac{1}{\sqrt{2}} \end{bmatrix}$$

(Os cálculos ficam a cargo do leitor). Logo, a equação (2) fica:

$$\begin{bmatrix} x' & y' \end{bmatrix} \begin{bmatrix} 3 & 0 \\ 0 & 1 \end{bmatrix} \begin{bmatrix} x' \\ y' \end{bmatrix} + \begin{bmatrix} 7\sqrt{2} & 5\sqrt{2} \end{bmatrix} \begin{bmatrix} \frac{1}{\sqrt{2}} & -\frac{1}{\sqrt{2}} \\ \frac{1}{\sqrt{2}} & \frac{1}{\sqrt{2}} \end{bmatrix} \begin{bmatrix} x' \\ y' \end{bmatrix} + 10 = 0$$

ou

$$3x'^2 + y'^2 + 12x' - 2y' + 10 = 0, \qquad (3)$$

que é a equação da cônica (1), referida ao sistema x' 0 y' cujos eixos são suportes de v_1 e v_2 (ou de μ_1 e μ_2) - (Fig. 6.4.1.a).

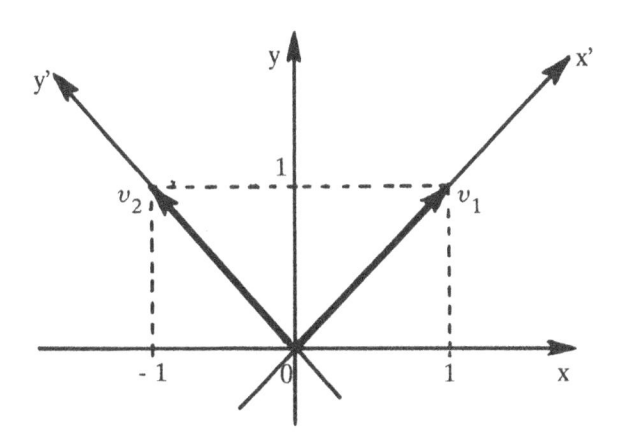

Figura 6.4.1.a

• Os eixos do sistema x' 0 y' tanto podem ser suportes de v_1 ou μ_1 e de v_2 ou μ_2, porque esses vetores têm, respectivamente, a mesma direção e o mesmo sentido.

2º) Translação de eixos

A equação (3), por meio de uma translação de eixos, pode ser simplificada. De fato:

$$3x'^2 + y'^2 + 12x' - 2y' + 10 = 0$$
$$(3x'^2 + 12x') + (y'^2 - 2y') = -10$$
$$3(x'^2 + 4x') + (y'^2 - 2y') = -10$$
$$3(x'^2 + 4x' + 4) + (y'^2 - 2y' + 1) = -10 + 3(4) + 1$$
$$3(x' + 2)^2 + (y' - 1)^2 = 3 \qquad (4)$$

Pelas fórmulas de translação de eixos, fazendo

$X = (x' + 2)$

$Y = (y' - 1)$,

a equação (4) fica

$3X^2 + Y^2 = 3$

ou

$$\frac{X^2}{1} + \frac{Y^2}{3} = 1$$

que é a equação reduzida da cônica (1), referida ao sistema X 0' Y no qual 0' (-2, 1), sendo as coordenadas de 0' medidas no sistema x' 0 y'.

b) A cônica, representada pela equação (1), é uma elipse cujos semi-eixos medem 1 e $\sqrt{3}$, estando o eixo maior sobre o eixo dos Y (Fig. 6.4.1.b).

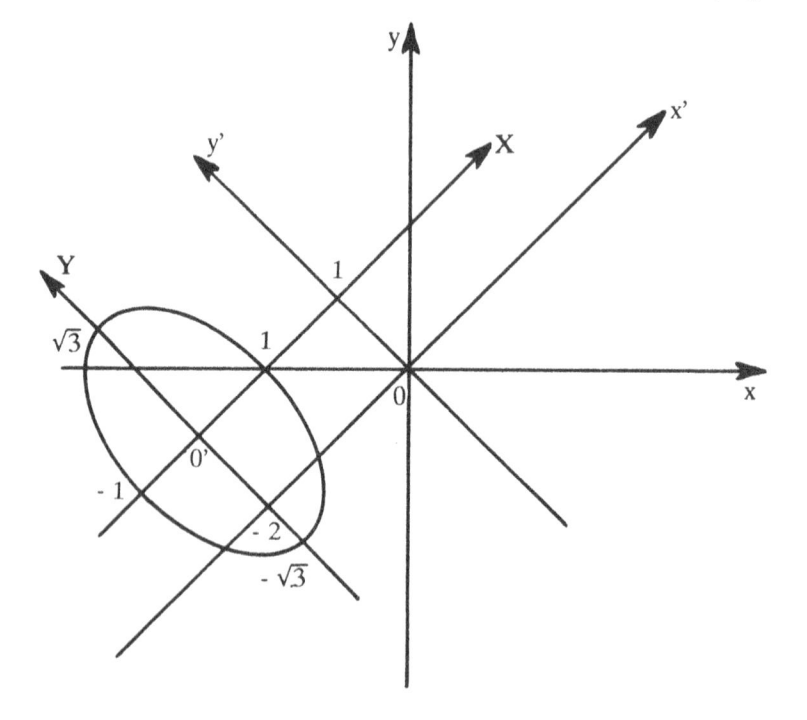

Figura 6.4.1.b

2) Determinar a equação reduzida e o gênero da cônica representada pela equação

$$16x^2 - 24xy + 9y^2 - 15x - 20y + 50 = 0 \qquad (1)$$

Solução

a) 1º) Mudança de base

A equação (1) na forma matricial é

$$[x \ y] \begin{bmatrix} 16 & -12 \\ -12 & 9 \end{bmatrix} \begin{bmatrix} x \\ y \end{bmatrix} + [-15 \ -20] \begin{bmatrix} x \\ y \end{bmatrix} + 50 = 0$$

que, por uma mudança de base, é transformada na equação

$$[x' \ y'] \begin{bmatrix} \lambda_1 & 0 \\ 0 & \lambda_2 \end{bmatrix} \begin{bmatrix} x' \\ y' \end{bmatrix} + [-15 \ -20] \begin{bmatrix} x_{11} & x_{21} \\ x_{12} & x_{21} \end{bmatrix} \begin{bmatrix} x' \\ y' \end{bmatrix} + 50 = 0 \qquad (2)$$

na qual λ_1 e λ_2 são os valores próprios da matriz simétrica

$$A = \begin{bmatrix} 16 & -12 \\ -12 & 9 \end{bmatrix}$$

e as colunas

$$\mu_1 = \begin{bmatrix} x_{11} \\ x_{12} \end{bmatrix} \quad \text{e} \quad \mu_2 = \begin{bmatrix} x_{21} \\ x_{22} \end{bmatrix}$$

são os vetores próprios unitários de A, associados a λ_1 e λ_2, respectivamente.

Os valores próprios de A são $\lambda_1 = 0$ e $\lambda_2 = 25$ e os vetores próprios de A são $v_1 = (3,4)$ e $v_2 = (4, -3)$, sendo os seus respectivos vetores unitários

$$\mu_1 = (\frac{3}{5}, \frac{4}{5}) \quad \text{ou} \quad \mu_1 = \begin{bmatrix} \frac{3}{5} \\ \frac{4}{5} \end{bmatrix}$$

$$\mu_2 = (\frac{4}{5}, -\frac{3}{5}) \quad \text{ou} \quad \mu_2 = \begin{bmatrix} \frac{4}{5} \\ -\frac{3}{5} \end{bmatrix}$$

(Os cálculos ficam a cargo do leitor). Logo, a equação (2) fica

$$[x' \ y'] \begin{bmatrix} 0 & 0 \\ 0 & 25 \end{bmatrix} \begin{bmatrix} x' \\ y' \end{bmatrix} + [-15 \ -20] \begin{bmatrix} \frac{3}{5} & \frac{4}{5} \\ \frac{4}{5} & -\frac{3}{5} \end{bmatrix} \begin{bmatrix} x' \\ y' \end{bmatrix} + 50 = 0$$

ou

$$25 y'^2 - 25x' + 50 = 0$$

ou ainda

$$y'^2 - x' + 2 = 0 \tag{3}$$

que é a equação da cônica (1), referida ao sistema x' 0 y' cujos eixos são suportes de v_1 e v_2 (ou de μ_1 e μ_2).

2º) Translação de eixos

A equação (3), por meio de uma translação de eixos, pode ser simplificada. De fato:

$$y'^2 - x' + 2 = 0$$

$$y'^2 = x' - 2$$

$$(y' - 0)^2 = x' - 2 \tag{4}$$

Pelas fórmulas de translação de eixos, fazendo

X = (x' - 2)

Y = (y' - 0),

a equação (4) fica

Y² = X

que é a equação reduzida da cônica (1), referida ao sistema X 0' Y no qual 0' (2, 0), sendo as coordenadas de 0' medidas no sistema x' 0 y'.

b) A cônica representada pela equação (1) é uma parábola de parâmetro igual a $\frac{1}{2}$, sendo o seu eixo o eixo dos X (Fig. 6.4.1.c).

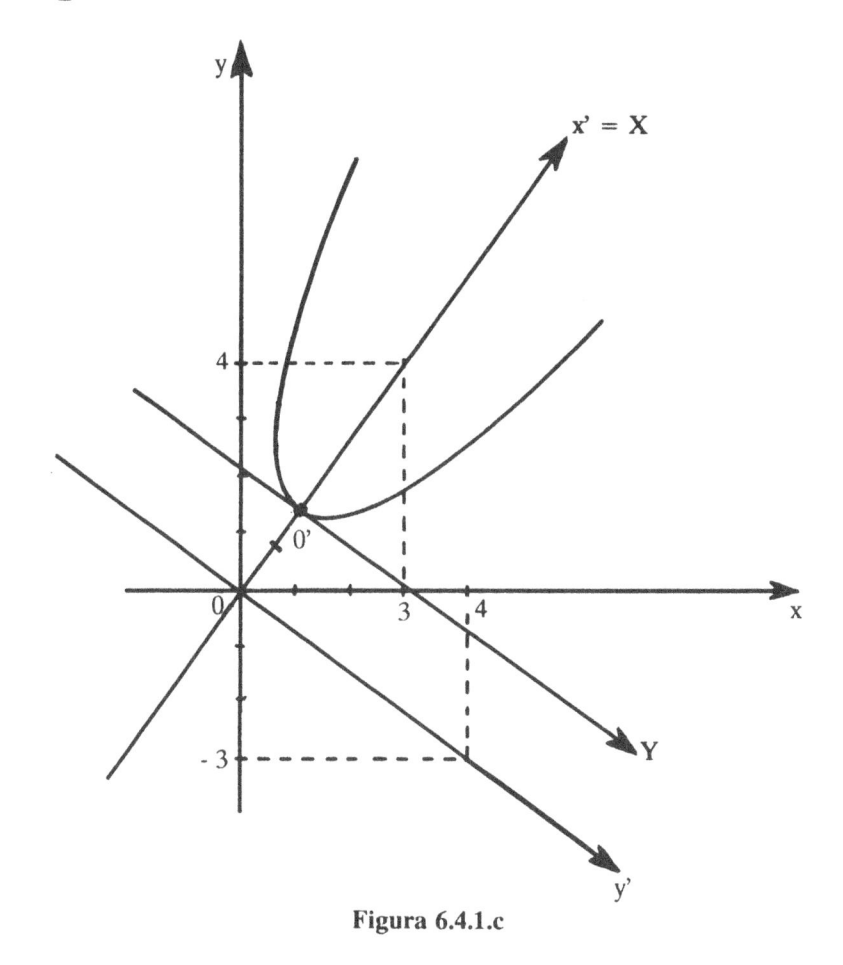

Figura 6.4.1.c

3) Determinar a equação reduzida e o gênero da cônica representada pela equação

$$4x^2 - 3y^2 + 24xy - 156 = 0 \tag{1}$$

Solução

a) Tendo em vista que essa equação não apresenta os termos de 1° grau em x e y (d = e = 0 na equação (6.1), item 6.1), a solução dependerá somente da mudança de base. A equação (1) na forma matricial é

$$[x \quad y] \begin{bmatrix} 4 & 12 \\ 12 & -3 \end{bmatrix} \begin{bmatrix} x \\ y \end{bmatrix} - 156 = 0$$

que, por uma mudança de base, se transforma na equação

$$[x' \quad y'] \begin{bmatrix} \lambda_1 & 0 \\ 0 & \lambda_2 \end{bmatrix} \begin{bmatrix} x' \\ y' \end{bmatrix} - 156 = 0 \tag{2}$$

na qual λ_1 e λ_2 são os valores próprios da matriz simétrica

$$A = \begin{bmatrix} 4 & 12 \\ 12 & -3 \end{bmatrix}$$

O cálculo dos vetores próprios (ou dos seus correspondentes vetores unitários), como se vê na equação (2), é dispensável para a obtenção da equação reduzida, a não ser que se deseje construir o gráfico da cônica (que é o caso presente, por razões de ordem didática), pois são esses vetores que determinam o novo referencial x' 0 y'.

Os valores próprios de A são $\lambda_1 = -12$ e $\lambda_2 = 13$, sendo $v_1 = (3, -4)$ e $v_2 = (4, 3)$ os vetores próprios associados, respectivamente a λ_1 e λ_2. (Cálculos a cargo do leitor). Logo, a equação (2) fica

$$[x' \quad y'] \begin{bmatrix} -12 & 0 \\ 0 & 13 \end{bmatrix} \begin{bmatrix} x' \\ y' \end{bmatrix} - 156 = 0$$

ou

$$-12x'^2 + 13y'^2 = 156$$

ou ainda

$$\frac{y'^2}{12} - \frac{x'^2}{13} = 1$$

que é a equação reduzida da cônica (1) referida ao sistema x' 0 y'.

b) A cônica representada pela equação é uma hipérbole com eixo real sobre o eixo dos y' (Fig. 6.4.1.d), sendo o semi-eixo real igual a $\sqrt{12}$.

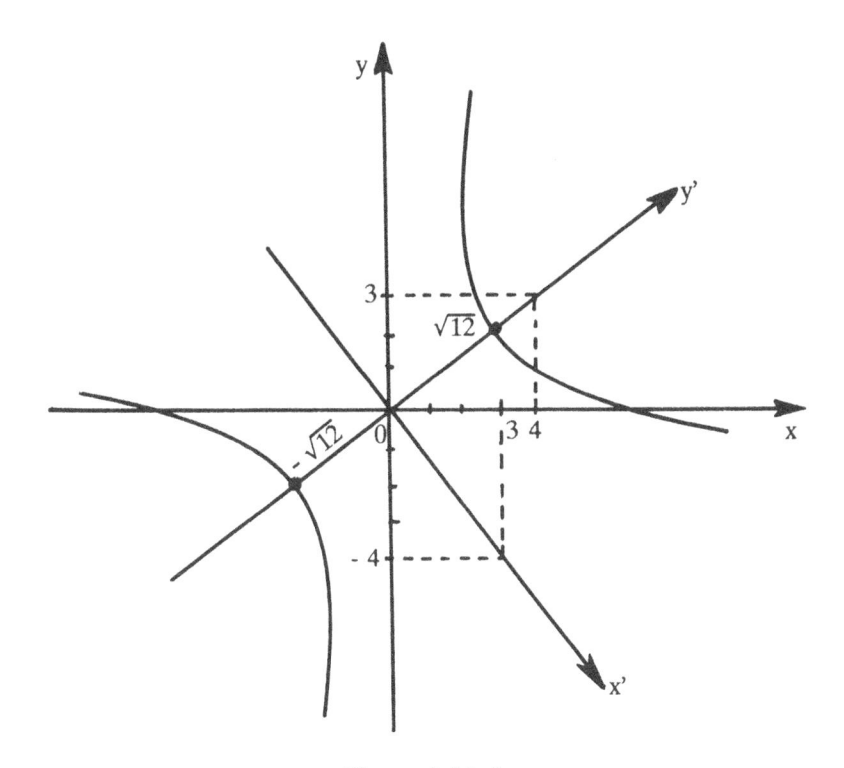

Figura 6.4.1.d

6.4.2 – Problemas Propostos

Nos problemas 1 a 12, determinar a equação reduzida, o gênero da cônica representada pela equação dada em cada um deles, e fazer o respectivo gráfico.

1) $17x^2 + 12xy + 8y^2 - 10x + 20y + 5 = 0$

2) $7x^2 + y^2 - 8xy - 17\sqrt{5}x + 11\sqrt{5}y + 41 = 0$

3) $4x^2 + y^2 + 4xy + 5\sqrt{5}x + 10\sqrt{5}y + 5 = 0$

4) $x^2 + y^2 + xy + 5\sqrt{2}x + 4\sqrt{2}y + 1 = 0$

5) $4x^2 + 6xy - 4y^2 + 20x - 20y - 19 = 0$

6) $x^2 + 2xy + y^2 - 8x + 4 = 0$

7) $3x^2 - 2xy + 3y^2 - 2x - 10y - 1 = 0$

8) $xy + 4\sqrt{2}x + 6\sqrt{2}y + 30 = 0$

9) $x^2 + y^2 + 2xy - 4\sqrt{2}x = 0$

10) $16x^2 + 9y^2 - 96x + 72y + 144 = 0$

11) $4x^2 - 5y^2 + 8x + 30y - 21 = 0$

12) $x^2 - 6x + 8y + 1 = 0$

Nos problemas 13 a 20, determinar, por meio de uma mudança de referencial, a equação reduzida, o gênero da cônica representada pela equação dada em cada um deles, e fazer o respectivo gráfico.

13) $3x^2 + 2xy + 3y^2 - 4 = 0$

14) $2x^2 + y^2 + 2\sqrt{6}xy = 16$

15) $7x^2 - 8xy + y^2 + 36 = 0$

16) $xy = 2$

17) $5x^2 + 4xy + 2y^2 - 12 = 0$

18) $7x^2 + 13y^2 - 6\sqrt{3}xy - 16 = 0$

19) $x^2 + y^2 + 4xy - 3 = 0$

20) $3x^2 + 2xy + 3y^2 - 4 = 0$

6.4.2.1 — Respostas dos Problemas Propostos

1) $\dfrac{X^2}{4} + \dfrac{Y^2}{1} = 1$, elipse

2) $\dfrac{X^2}{1} - \dfrac{Y^2}{9} = 1$, hipérbole

3) $Y^2 = 3X$, parábola

4) $\dfrac{X^2}{9} + \dfrac{Y^2}{27} = 1$, elipse

5) $Y^2 - X^2 = 1$, hipérbole

6) $Y^2 = 2\sqrt{2}\, X$, parábola

7) $\dfrac{X^2}{3} + \dfrac{Y^2}{6} = 1$, elipse

8) $\dfrac{X^2}{36} - \dfrac{Y^2}{36} = 1$, hipérbole

9) $Y^2 = 2X$, parábola

10) $\dfrac{X^2}{9} + \dfrac{Y^2}{16} = 1$, elipse

11) $\dfrac{Y^2}{4} - \dfrac{X^2}{5} = 1$, hipérbole

12) $X^2 = -8Y$, parábola

13) $x'^2 + \dfrac{y'^2}{2} = 1$, elipse

14) $\dfrac{x'^2}{4} - \dfrac{y'^2}{16} = 1$, hipérbole

15) $\dfrac{y'^2}{36} - \dfrac{x'^2}{4} = 1$, hipérbole

16) $\dfrac{x'^2}{4} - \dfrac{y'^2}{4} = 1$, hipérbole

17) $\dfrac{x'^2}{2} + \dfrac{y'^2}{6} = 1$, elipse

18) $\dfrac{x'^2}{4} + y'^2 = 1$, elipse

19) $x'^2 - \dfrac{y'^2}{3} = 1$, hipérbole

20) $x'^2 + \dfrac{y'^2}{2} = 1$, elipse

NOTA SOBRE AS QUÁDRICAS – O estudo das superfícies quádricas representadas por equações do tipo

$$ax^2 + by^2 + cz^2 + 2dxy + 2exz + 2fyz + mx + ny + pz + q = 0,$$

na qual a, b, c, d, e e f não são todos nulos, é feito de forma análoga ao realizado neste estudo das cônicas.

Apêndice

MATRIZES, DETERMINANTES E SISTEMAS DE EQUAÇÕES LINEARES

Este APÊNDICE não é um curso sobre Matrizes, Determinantes e Sistemas de Equações Lineares.* Aqui serão tratados somente os itens necessários à compreensão dos assuntos e à solução dos problemas abordados nesta *Introdução à Álgebra Linear*.

MATRIZES

A.1 — *Matriz de ordem* m *por* n é um quadro de m x n números dispostos em m linhas e n colunas:

$$A = \begin{bmatrix} a_{11} & a_{12} & \ldots & a_{1n} \\ a_{21} & a_{22} & \ldots & a_{2n} \\ \vdots & \vdots & & \vdots \\ a_{m1} & a_{m2} & \ldots & a_{mn} \end{bmatrix}$$

---

* Para um estudo detalhado da Álgebra Matricial, ver *Matrizes, Determinantes e Sistemas de Equações Lineares* – Alfredo Steinbruch - Editora McGraw-Hill.

• A matriz na qual m ≠ n é *retangular* se representa por $A_{(m,\ n)}$ e se diz de *ordem* m *por* n (ou m × n).

• A matriz na qual m = n é *quadrada* se representa por A_n ou $(A_{(n,\ n)})$ e se diz de *ordem* n.

• Cada elemento de uma matriz A está afetado de dois índices: a_{ij}. O primeiro índice indica a linha e o segundo a coluna a que o elemento pertence.

• A matriz A pode ser representada abreviadamente por $A = [a_{ij}]$, i variando de 1 a m (i = 1, 2, ..., m) e j variando de 1 a n (j = 1, 2, ..., n). Assim, se a matriz tem 2 linhas (m = 2) e 3 colunas (n = 3), ao fixar para i o valor 1 e fazendo j variar de 1 a 3, obtém-se a_{11} a_{12} a_{13}; fixando, a seguir, para i o valor 2 e fazendo j variar de 1 a 3, obtém-se a_{21} a_{22} a_{23}:

$$A = \begin{bmatrix} a_{11} & a_{12} & a_{13} \\ a_{21} & a_{22} & a_{23} \end{bmatrix}$$

• A matriz de ordem m por 1 é uma *matriz-coluna* ou *vetor-coluna* e a matriz de ordem 1 por n é uma *matriz-linha* ou *vetor-linha*. Exemplos:

$$A_{(3,\ 1)} = \begin{bmatrix} 5 \\ 7 \\ -2 \end{bmatrix} ; \qquad A_{(1,4)} = [2 \quad 5 \quad -3 \quad 8]$$

• A matriz de ordem 1 × 1 é representada do mesmo modo que os números reais: n, 0, etc.

A.2 — *Diagonal principal e diagonal secundária* — Numa matriz quadrada A, de ordem n = 3, por exemplo:

$$A_3 = A = \begin{bmatrix} a_{11} & a_{12} & a_{13} \\ a_{21} & a_{22} & a_{23} \\ a_{31} & a_{32} & a_{33} \end{bmatrix},$$

os elementos a_{ij} em que i = j constituem a *diagonal principal*: a_{11} a_{22} a_{33}; os elementos a_{ij} em que i + j = n + 1 = 3 + 1 constituem a *diagonal secundária*: a_{13} a_{22} a_{31}.

A.3 — *Matriz diagonal e matriz unidade* — A matriz quadrada D que tem os elementos $a_{ij} = 0$ quando $i \neq j$ é uma *matriz diagonal*. A matriz diagonal que tem os elementos $a_{ij} = 1$ para $i = j$ é uma *matriz unidade*. Indica-se a matriz unidade por I_n ou, simplesmente, por I. Exemplos:

$$D = \begin{bmatrix} 3 & 0 & 0 \\ 0 & 5 & 0 \\ 0 & 0 & -2 \end{bmatrix}; \quad I_2 = \begin{bmatrix} 1 & 0 \\ 0 & 1 \end{bmatrix}; \quad I_3 = I = \begin{bmatrix} 1 & 0 & 0 \\ 0 & 1 & 0 \\ 0 & 0 & 1 \end{bmatrix}$$

A.4 — *Matriz zero* é a matriz cujos elementos são todos nulos. Indica-se a matriz zero por 0:

$$0 = \begin{bmatrix} 0 & 0 & 0 \\ 0 & 0 & 0 \end{bmatrix}; \quad 0 = \begin{bmatrix} 0 & 0 & 0 \\ 0 & 0 & 0 \\ 0 & 0 & 0 \end{bmatrix}$$

A.5 — *Matriz oposta de uma matriz* $A = [a_{ij}]$ é uma matriz $B = [b_{ij}]$ tal que $b_{ij} = -a_{ij}$. Indica-se a matriz oposta de A por -A. Exemplo:

$$A = \begin{bmatrix} 4 & 1 \\ -3 & 8 \end{bmatrix}; \quad -A = \begin{bmatrix} -4 & -1 \\ 3 & -8 \end{bmatrix}$$

A.6 — *Matriz triangular superior e matriz triangular inferior* — A matriz quadrada $A = [a_{ij}]$ que tem os elementos $a_{ij} = 0$ para $i > j$ é uma *matriz triangular superior* e a matriz $B = [b_{ij}]$ que tem os elementos $b_{ij} = 0$ para $i < j$ é uma *matriz triangular inferior*. Exemplos:

$$A = \begin{bmatrix} 1 & 3 & 4 \\ 0 & 2 & -7 \\ 0 & 0 & -1 \end{bmatrix}; \quad B = \begin{bmatrix} 2 & 0 & 0 \\ 5 & 6 & 0 \\ -3 & -4 & 3 \end{bmatrix}$$

A.7 — *Igualdade de matrizes* — Duas matrizes $A = [a_{ij}]$ e $B = [b_{ij}]$, de mesma ordem, são iguais se, e somente se, $a_{ij} = b_{ij}$. Exemplo:

$$\begin{bmatrix} 3 & 5 & -2 \\ 1 & 7 & 4 \end{bmatrix} = \begin{bmatrix} 3 & 5 & -2 \\ 1 & 7 & 4 \end{bmatrix}$$

A.8 — *Adição de matrizes* — A soma de duas matrizes $A = [a_{ij}]$ e $B = [b_{ij}]$, de mesma ordem, é uma matriz $C = [c_{ij}]$ tal que $c_{ij} = a_{ij} + b_{ij}$. Exemplos:

1) $\begin{bmatrix} a_{11} & a_{12} & a_{13} \\ a_{21} & a_{22} & a_{23} \end{bmatrix} + \begin{bmatrix} b_{11} & b_{12} & b_{13} \\ b_{21} & b_{22} & b_{23} \end{bmatrix} =$

$= \begin{bmatrix} a_{11} + b_{11} & a_{12} + b_{12} & a_{13} + b_{13} \\ a_{21} + b_{21} & a_{22} + b_{22} & a_{23} + b_{23} \end{bmatrix}$

2) $\begin{bmatrix} 2 & 5 & -7 \\ 3 & -2 & 4 \end{bmatrix} + \begin{bmatrix} 4 & 3 & -2 \\ 8 & 9 & 1 \end{bmatrix} = \begin{bmatrix} 6 & 8 & -9 \\ 11 & 7 & 5 \end{bmatrix}$

A.8.1 — *Diferença de duas matrizes* — A diferença $A - B$ de duas matrizes, de mesma ordem, é definida por $A + (-B)$. Exemplo:

$\begin{bmatrix} 4 & -1 \\ -3 & 9 \end{bmatrix} - \begin{bmatrix} 5 & -6 \\ 7 & -8 \end{bmatrix} = \begin{bmatrix} 4 & -1 \\ -3 & 9 \end{bmatrix} + \begin{bmatrix} -5 & 6 \\ -7 & 8 \end{bmatrix} = \begin{bmatrix} -1 & 5 \\ -10 & 17 \end{bmatrix}$

A.8.2 — *Propriedades da adição de matrizes* — Para as matrizes A, B e C, de mesma ordem, tem-se:

I) $A + (B + C) = (A + B) + C$

II) $A + B = B + A$

III) $A + 0 = 0 + A = A$

IV) $A + (-A) = -A + A = 0$

A.9 — *Produto de uma matriz por um escalar* — Se λ é um escalar, o produto de uma matriz $A = [a_{ij}]$ por esse escalar é uma matriz $B = [b_{ij}]$ tal que $b_{ij} = \lambda a_{ij}$.

$5 \times \begin{bmatrix} 4 & -2 & 1 \\ 3 & 5 & -3 \end{bmatrix} = \begin{bmatrix} 5 \times 4 & 5 \times (-2) & 5 \times 1 \\ 5 \times 3 & 5 \times 5 & 5 \times (-3) \end{bmatrix} = \begin{bmatrix} 20 & -10 & 5 \\ 15 & 25 & -15 \end{bmatrix}$

A.9.1 — *Propriedades da multiplicação de uma matriz por um escalar*

I) $(\alpha\beta)A = \alpha(\beta A), \alpha, \beta \in \mathbb{R}$

II) $(\alpha + \beta)A = \alpha A + \beta A$

III) $\alpha(A + B) = \alpha A + \alpha B$

IV) $1A = A$

A.10 — *Produto de uma matriz por outra* — Sejam as matrizes $A_{(1,3)}$ e $B_{(3,1)}$:

$$A = [2 \ 4 \ 3] \quad e \quad B = \begin{bmatrix} 6 \\ 7 \\ 5 \end{bmatrix}$$

O produto AB é, por definição, uma matriz $C_{(1,1)}$ tal que

$$c_{11} = 2 \times 6 + 4 \times 7 + 3 \times 5 = 12 + 28 + 15 = 55,$$

isto é, c_{11} é a soma dos produtos, na ordem em que estão dispostos, dos elementos da matriz-linha A pelos elementos da matriz-coluna B.

A matriz $C_{(1,1)} = [\ 55\ ]$ é o produto da matriz $A_{(1,3)}$ pela matriz $B_{(3,1)}$:

$$A_{(1,\ 3)} \times B_{(3,\ 1)} = C_{(1,\ 1)}$$

O produto AB é definido somente se o número de linhas de B (no caso, 3) é igual ao número de colunas de A (no caso, também 3). Por outro lado, a ordem da matriz C é dada pelo número de linhas de A (no caso, 1) e pelo número de colunas de B (no caso, também 1), isto é, $C_{(1,1)}$. Se se escrever em seqüência a ordem da matriz A e a ordem da matriz B

$$(1, 3) \qquad (3, 1),$$

o segundo e o terceiro números, sendo iguais, indicam que a multiplicação é possível, e o primeiro e o quarto números indicam a ordem da matriz-produto C:

$$A_{(1,\,3)} \times B_{(3,\,1)} = C_{(1,\,1)}$$

Dadas duas matrizes $A_{(2,\,3)}$ e $B_{(3,\,4)}$, por exemplo, cada linha de A pode ser considerada como uma matriz-linha e cada coluna de B como uma matriz-coluna, e a matriz $A_{(2,\,3)} \times B_{(3,\,4)}$ é uma matriz $C_{(2,\,4)}$:

$$A_{(2,\,3)} \times B_{(3,\,4)} = C_{(2,\,4)}$$

Exemplo:

$$A_{(2,\,3)} \times B_{(3,\,4)} = \begin{bmatrix} 4 & 2 & 6 \\ 2 & 5 & 3 \end{bmatrix} \begin{bmatrix} 5 & 2 & 4 & 1 \\ 2 & 3 & 1 & 0 \\ 1 & 2 & 7 & 6 \end{bmatrix} = \begin{bmatrix} 30 & 26 & 60 & 40 \\ 23 & 25 & 34 & 20 \end{bmatrix} = C_{(2,\,4)}$$

O elemento $c_{23} = 34$ de C se obtém multiplicando a segunda matriz-linha de A pela terceira matriz-coluna de B:

$$c_{23} = 2 \times 4 + 5 \times 1 + 3 \times 7 = 8 + 5 + 21 = 34$$

e os demais elementos de C se obtêm de modo análogo.

A.10.1 — *Problema resolvido* — Calcular o produto das matrizes:

$$A = \begin{bmatrix} 2 & 7 \\ 3 & 5 \end{bmatrix} \quad \text{e} \quad X = \begin{bmatrix} x \\ y \end{bmatrix}$$

Solução

$$A_{(2,\,2)} \times X_{(2,\,1)} = B_{(2,\,1)}$$

$$B = AX = \begin{bmatrix} 2 & 7 \\ 3 & 5 \end{bmatrix} \begin{bmatrix} x \\ y \end{bmatrix} = \begin{bmatrix} 2x + 7y \\ 3x + 5y \end{bmatrix}$$

É interessante assinalar que a matriz B tem 2 linhas e uma só coluna:

- o elemento da primeira linha é $2x + 7y$
- o elemento da segunda linha é $3x + 5y$.

- O fato de que a matriz B tem 2 linhas e uma só coluna permite escrever, sob a forma matricial, o seguinte sistema de equações, por exemplo:

$$\begin{cases} 2x + 7y = 16 \\ 3x + 5y = 13 \end{cases}$$

De fato, fazendo

$$A = \begin{bmatrix} 2 & 7 \\ 3 & 5 \end{bmatrix}, \quad X = \begin{bmatrix} x \\ y \end{bmatrix} \quad e \quad B = \begin{bmatrix} 16 \\ 13 \end{bmatrix},$$

pode-se escrever que AX = B, ou

$$\begin{bmatrix} 2 & 7 \\ 3 & 5 \end{bmatrix} \begin{bmatrix} x \\ y \end{bmatrix} = \begin{bmatrix} 16 \\ 13 \end{bmatrix},$$

ou, ainda,

$$\begin{bmatrix} 2x + 7y \\ 3x + 5y \end{bmatrix} = \begin{bmatrix} 16 \\ 13 \end{bmatrix}$$

e, de acordo com a definição de igualdade de matrizes:

$$\begin{cases} 2x + 7y = 16 \\ 3x + 5y = 13 \end{cases}$$

A.10.2 — *Não comutatividade da multiplicação de duas matrizes* — Em geral, a existência do produto AB não implica a existência do produto BA. Exemplo:

$$A_{(3, 5)} \times B_{(5, 6)} = C_{(3, 6)}$$

Entretanto, o produto $B_{(5, 6)} \times A_{(3, 5)}$ não existe porque $6 \neq 3$, isto é, o número de colunas da primeira matriz não coincide com o número de linhas da segunda matriz. Mesmo quando as multiplicações A × B e B × A são possíveis, os dois produtos são, em geral, diferentes:

$$A_{(4, 3)} \times B_{(3, 4)} = C_{(4, 4)}$$
$$B_{(3, 4)} \times A_{(4, 3)} = D_{(3, 3)}$$

Ainda que A e B fossem matrizes quadradas de ordem n, os produtos AB e BA seriam também matrizes quadradas de ordem n e, ainda assim, difeririam, em geral. Sejam, por exemplo, as matrizes

$$A = \begin{bmatrix} 1 & 2 \\ 3 & 4 \end{bmatrix} \quad e \quad B = \begin{bmatrix} 5 & 7 \\ 6 & 8 \end{bmatrix}$$

$$AB = \begin{bmatrix} 1 & 2 \\ 3 & 4 \end{bmatrix} \begin{bmatrix} 5 & 7 \\ 6 & 8 \end{bmatrix} = \begin{bmatrix} 17 & 23 \\ 39 & 53 \end{bmatrix}$$

$$BA = \begin{bmatrix} 5 & 7 \\ 6 & 8 \end{bmatrix} \begin{bmatrix} 1 & 2 \\ 3 & 4 \end{bmatrix} = \begin{bmatrix} 26 & 38 \\ 30 & 44 \end{bmatrix}$$

Os produtos AB e BA são diferentes, o que significa que a multiplicação de duas matrizes não é comutativa.

• Existem, entretanto, matrizes A e B tais que AB = BA, porém essa não é a regra. Há dois casos que interessam particularmente e um deles é o seguinte: AI = IA = A. Exemplo:

$$\begin{bmatrix} 6 & -3 \\ -2 & 7 \end{bmatrix} \begin{bmatrix} 1 & 0 \\ 0 & 1 \end{bmatrix} = \begin{bmatrix} 1 & 0 \\ 0 & 1 \end{bmatrix} \begin{bmatrix} 6 & -3 \\ -2 & 7 \end{bmatrix} = \begin{bmatrix} 6 & -3 \\ -2 & 7 \end{bmatrix}$$

O outro caso será visto no item A.22.

A.10.3 — *Propriedades da multiplicação de uma matriz por outra* — Admitindo que as ordens das matrizes possibilitem as operações, tem-se:

I) $(AB)C = A(BC)$

II) $(A + B)C = AC + BC$

III) $C(A + B) = CA + CB$

IV) $(\alpha A)B = A(\alpha B) = \alpha(AB)$, $\alpha \in \mathbb{R}$

V) $AB \neq BA$, em geral

A.11 — *Matriz transposta de uma matriz* A, de ordem m por n, é a matriz A^t, de ordem n por m, que se obtém escrevendo ordenadamente as linhas de A como colunas. Exemplos:

$$A = \begin{bmatrix} a_{11} & a_{12} & a_{13} \\ a_{21} & a_{22} & a_{23} \end{bmatrix} \quad e \quad A^t = \begin{bmatrix} a_{11} & a_{21} \\ a_{12} & a_{22} \\ a_{13} & a_{23} \end{bmatrix};$$

$$B = \begin{bmatrix} 5 & 1 \\ 3 & 8 \end{bmatrix} \quad e \quad B^t = \begin{bmatrix} 5 & 3 \\ 1 & 8 \end{bmatrix}$$

A.11.1 — *Propriedades da matriz transposta*

I) $(A + B)^t = A^t + B^t$

II) $(\kappa A)^t = \kappa A^t, \quad \kappa \in \mathbb{R}$

III) $(A^t)^t = A$

IV) $(AB)^t = B^t A^t$ (ver problemas 15 e 16, itens A.14 e A.14.1)

A.12 — *Matriz simétrica* é uma matriz quadrada S tal que $S^t = S$. Exemplo:

$$S = \begin{bmatrix} 1 & 5 & 9 \\ 5 & 3 & 8 \\ 9 & 8 & 7 \end{bmatrix}; \quad S^t = \begin{bmatrix} 1 & 5 & 9 \\ 5 & 3 & 8 \\ 9 & 8 & 7 \end{bmatrix} = S$$

A.13 — *Matriz anti-simétrica* é uma matriz quadrada A tal que $A^t = -A$. Exemplo:

$$A = \begin{bmatrix} 0 & 3 & 4 \\ -3 & 0 & -6 \\ -4 & 6 & 0 \end{bmatrix}; \quad A^t = \begin{bmatrix} 0 & -3 & -4 \\ 3 & 0 & 6 \\ 4 & -6 & 0 \end{bmatrix} = -A$$

A.14 — *Problemas propostos*

Os problemas 1 a 6 referem-se às matrizes:

$$A = \begin{bmatrix} 2 & 3 \\ -5 & 9 \end{bmatrix}, \quad B = \begin{bmatrix} 4 & -5 \\ 3 & 1 \end{bmatrix} \quad e \quad C = \begin{bmatrix} 6 & 2 \\ 7 & -8 \end{bmatrix}$$

1) Calcular A + B.

2) Calcular A + C.

3) Calcular C - A.

4) Calcular -2A.

5) Calcular 6B.

6) Calcular -3C.

Os problemas 7 a 16 se referem às matrizes:

$$A = \begin{bmatrix} 1 & -2 \\ 3 & 1 \\ 7 & -4 \\ 5 & 9 \end{bmatrix}, \quad B = \begin{bmatrix} 1 & 3 & -5 & 7 \\ 6 & 2 & -8 & 3 \end{bmatrix} \quad e$$

$$C = \begin{bmatrix} 1 & 7 & 3 & -8 \\ -3 & -1 & -1 & -3 \\ 4 & 1 & 9 & 0 \\ 5 & 3 & 2 & -3 \end{bmatrix}$$

7) Calcular AB.

8) Calcular BA.

9) Calcular BC.

10) Calcular CA.

11) Calcular (AB)C.

12) Calcular A(BC).

13) Determinar a matriz A^t.

14) Determinar a matriz B^t.

15) Calcular $(AB)^t$.

16) Verificar a igualdade $(AB)^t = B^t A^t$.

Os problemas 17 e 18 referem-se à matriz:

$$A = \begin{bmatrix} 2 & 5 & 9 \\ 4 & 7 & 1 \\ 3 & 6 & 2 \end{bmatrix}$$

17) Calcular $A + A^t = S$ e verificar se S é simétrica.

18) Calcular $A - A^t = P$ e verificar se P é anti-simétrica.

A.14.1 — *Respostas ou roteiros para os problemas propostos*

1 e 2) Os problemas são resolvidos de modo análogo ao Exemplo 2, item A.8.

3) O problema é resolvido de modo análogo ao Exemplo do item A.8.1.

4 a 6) Os problemas são resolvidos de modo análogo ao Exemplo do item A.9.

7 a 10) Os problemas são resolvidos de modo análogo ao Exemplo do item A.10.

11) Roteiro: 1º) calcular $AB = D$; 2º) calcular DC.

12) Roteiro: 1º) calcular $BC = E$; 2º) calcular AE.

13 e 14) Os problemas são resolvidos de modo análogo aos Exemplos do item A.11.

15) Roteiro: 1º) calcular AB; 2º) calcular $(AB)^t$.

16) Roteiro: 1º) calcular $B^t = F$; 2º) calcular $A^t = G$; 3º) calcular FG; comparar FG com $(AB)^t$ calculado no problema 15.

17) S é simétrica.

18) P é anti-simétrica.

DETERMINANTES

A.15 — *Classe de uma permutação* — Considere o leitor uma permutação

a c b

dos três elementos a, b, c e seja

a b c,

na qual os elementos estão na ordem alfabética, a permutação principal. Diz-se que dois elementos de uma permutação formam uma *inversão* se estão em ordem inversa à da permutação principal.

Assim, na permutação dada acb, os elementos c e b formam uma inversão. Uma permutação é de *classe par ou de classe ímpar*, conforme apresente um número par ou ímpar de inversões. A permutação acb é de classe ímpar.

A.16 — *Termo principal e termo secundário* — Dada uma matriz quadrada qualquer, ao produto dos elementos da diagonal principal, dá-se o nome de *termo principal* e ao produto dos elementos da diagonal secundária dá-se o nome de *termo secundário*. Assim, dadas as matrizes

$$A = \begin{bmatrix} a_{11} & a_{12} \\ a_{21} & a_{22} \end{bmatrix} \quad e \quad B = \begin{bmatrix} a_{11} & a_{12} & a_{13} \\ a_{21} & a_{22} & a_{23} \\ a_{31} & a_{32} & a_{33} \end{bmatrix},$$

na matriz A, o termo principal é $a_{11}a_{22}$ e o termo secundário é $a_{12}a_{21}$; na matriz B, o termo principal é $a_{11}a_{22}a_{33}$ e o termo secundário é $a_{13}a_{22}a_{31}$.

A.17 — *Determinante de uma matriz* é a soma algébrica dos produtos que se obtém efetuando todas as permutações dos segundos índices do termo principal, fixados os primeiros índices e fazendo-se preceder os produtos do sinal + ou -, conforme a permutação dos segundos índices seja de classe par ou de classe ímpar.

A utilização da definição e o cálculo de determinantes de matrizes quadradas de ordem 2 e de ordem 3 serão feitos nos itens seguintes.

• *Ordem de um determinante* é a ordem da matriz a que o mesmo corresponde. Se a matriz é de ordem 3, por exemplo, o determinmante será de ordem 3.

• *Representação de um determinante* — A representação do determinante de uma matriz A, que será designado por det A, faz-se de maneira análoga à da matriz, colocada entre dois traços verticais. Exemplos:

$$\det A = \begin{vmatrix} 3 & 2 \\ 7 & 5 \end{vmatrix}; \quad \det B = \begin{vmatrix} 2 & 4 & 3 \\ 1 & -5 & 7 \\ -3 & 8 & 9 \end{vmatrix}$$

• *Linhas e colunas de um determinante* — Embora o determinante de uma matriz A seja um número real, costuma-se, por comodidade, falar nas linhas e nas colunas do determinante que são as mesmas linhas e colunas da matriz A.

A.18 — *Cálculo do determinante de 2ª ordem* — O determinante de 2ª ordem é o que corresponde à matriz de ordem 2:

$$A = \begin{bmatrix} a_{11} & a_{12} \\ a_{21} & a_{22} \end{bmatrix}$$

O termo principal do det A é $a_{11} a_{22}$ e os segundos índices são 1 e 2. O conjunto { 1, 2 } admite duas permutações: 12 e 21, a primeira de classe par e a segunda de classe ímpar, considerando 12 a permutação principal. De acordo com a definição, pode-se escrever:

$$\det A = \begin{vmatrix} a_{11} & a_{12} \\ a_{21} & a_{22} \end{vmatrix} = +a_{11} a_{22} - a_{12} a_{21}$$

Exemplo:

$$\det A = \begin{vmatrix} 7 & 5 \\ 2 & 3 \end{vmatrix} = 7(3) - 5(2) = 21 - 10 = 11$$

A.19 — *Cálculo do determinante de 3ª ordem* — O determinante de 3ª ordem é o que corresponde à matriz de ordem 3:

$$A = \begin{bmatrix} a_{11} & a_{12} & a_{13} \\ a_{21} & a_{22} & a_{23} \\ a_{31} & a_{32} & a_{33} \end{bmatrix}$$

O termo principal do det A é $a_{11} a_{22} a_{33}$ e os segundos índices são 1, 2 e 3. O conjunto $\{1, 2, 3\}$ admite seis permutações 123, 231, 312, 132, 213 e 321, as três primeiras de classe par e as três últimas de classe ímpar, considerando 123 a permutação principal. De acordo com a definição, pode-se escrever:

$$\det A = a_{11} a_{22} a_{33} + a_{12} a_{23} a_{31} + a_{13} a_{21} a_{32} - a_{11} a_{23} a_{32} -$$

$$- a_{12} a_{21} a_{33} - a_{13} a_{22} a_{31} \qquad (1)$$

Na prática, obtém-se essa fórmula de dois modos:

a) *Desenvolvimento do determinante por uma linha* — A fórmula (1) pode ser transformada na seguinte:

$$\det A = + a_{11} (a_{22} a_{33} - a_{23} a_{32}) - a_{12} (a_{21} a_{33} - a_{23} a_{31}) +$$

$$+ a_{13} (a_{21} a_{32} - a_{22} a_{31})$$

ou

$$\det A = + a_{11} \begin{vmatrix} a_{22} & a_{23} \\ a_{32} & a_{33} \end{vmatrix} - a_{12} \begin{vmatrix} a_{21} & a_{23} \\ a_{31} & a_{33} \end{vmatrix} + a_{13} \begin{vmatrix} a_{21} & a_{22} \\ a_{31} & a_{32} \end{vmatrix},$$

isto é, o determinante da matriz A, de ordem 3, é igual à soma algébrica dos produtos de cada elemento da primeira linha pelo determinante menor que se obtém suprimindo a primeira linha e a coluna correspondente ao respectivo elemento dessa linha, fazendo-se preceder esses produtos, alternadamente, pelos sinas + e -, iniciando pelo sinal +. Essa maneira de escrever a fórmula (1) para calcular um determinante de 3ª ordem é denominada *desenvolvimento do determinante pela 1ª linha*. Exemplo:

$$\det A = \begin{vmatrix} 2 & 4 & 3 \\ 1 & -5 & 7 \\ -3 & 8 & 9 \end{vmatrix} = +2 \begin{vmatrix} -5 & 7 \\ 8 & 9 \end{vmatrix} - 4 \begin{vmatrix} 1 & 7 \\ -3 & 9 \end{vmatrix} + 3 \begin{vmatrix} 1 & -5 \\ -3 & 8 \end{vmatrix}$$

$\det A = 2(-45 - 56) - 4(9 + 21) + 3(8 - 15)$

$\det A = 2(-101) - 4(30) + 3(-7) = -202 - 120 - 21 = -343$

• Um determinante pode ser calculado desenvolvendo-o por qualquer linha ou por qualquer coluna, cuidando-se a alternância dos sinais + e - que precedem os produtos. No caso do determinante de ordem 3, a alternância dos sinais + e -, por linha e por coluna, é a seguinte:

```
+  -  +
-  +  -
+  -  +
```

b) *Regra de Sarrus* — A fórmula (1) também pode ser obtida pela *Regra de Sarrus*, que consiste no seguinte:

1º) repetem-se as duas primeiras colunas à direita do quadro dos elementos da matriz A;

2º) multiplicam-se os três elementos da diagonal principal bem como os três elementos de cada paralela a essa diagonal, fazendo preceder os produtos do sinal +;

3º) multiplicam-se os três elementos da diagonal secundária bem como os três elementos de cada paralela a essa diagonal, fazendo preceder os produtos do sinal -. Assim:

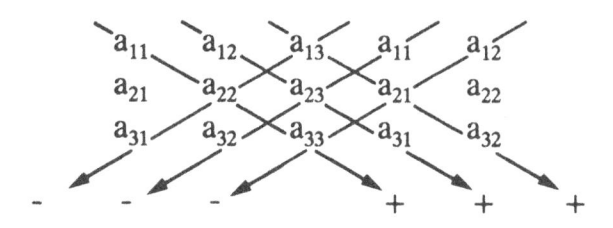

$$\det A = a_{11} a_{22} a_{33} + a_{12} a_{23} a_{31} + a_{13} a_{21} a_{32} - a_{11} a_{23} a_{32} - a_{12} a_{21} a_{33} - a_{13} a_{22} a_{31}$$

Exemplo: Calcular

$$\det A = \begin{vmatrix} 2 & 4 & 3 \\ 1 & -5 & 7 \\ -3 & 8 & 9 \end{vmatrix}$$

Solução

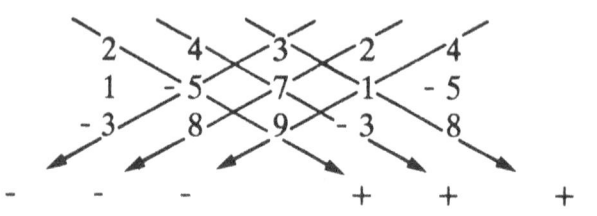

$\det A = +(-90) + (-84) + 24 - 45 - 112 - 36 = -90 - 84 +$
$+ 24 - 45 - 112 - 36 = -343$

A.19.1 — *Problemas resolvidos*

1) Resolver a equação

$$\begin{vmatrix} 8-x & 10 \\ 2 & 7-x \end{vmatrix} = 0$$

Solução

$(8-x)(7-x) - 20 = 0$

$56 - 8x - 7x + x^2 - 20 = 0$

$x^2 - 15x + 36 = 0,$

equação cujas raízes são $x_1 = 12$ e $x_2 = 3$.

2) Resolver a equação

$$\begin{vmatrix} 3-x & -1 & 1 \\ -1 & 5-x & -1 \\ 1 & -1 & 3-x \end{vmatrix} = 0$$

Solução

$$(3-x)\begin{vmatrix} 5-x & -1 \\ -1 & 3-x \end{vmatrix} - (-1)\begin{vmatrix} -1 & -1 \\ 1 & 3-x \end{vmatrix} + 1\begin{vmatrix} -1 & 5-x \\ 1 & -1 \end{vmatrix} = 0$$

$(3-x)(15 - 8x + x^2 - 1) + 1(-3 + x + 1) + 1(1 - 5 + x) = 0$

$45 - 24x + 3x^2 - 3 - 15x + 8x^2 - x^3 + x - 3 + x + 1 + 1 - 5 + x = 0$

$-x^3 + 11x^2 - 36x + 36 = 0$

$x^3 - 11x^2 + 36x - 36 = 0$

Na equação do 3º grau, as soluções inteiras, caso existam, são divisoras do termo independente -36. Com as devidas substituições na equação acima, verifica-se que x = 2 é uma delas. Conseqüentemente, x-2 é um fator de polinômio $x^3 - 11x^2 + 36x - 36$. Dividindo o polinômio por (x-2) a equação poderá ser apresentada assim:

$(x-2)(x^2 - 9x + 18) = 0$

ou

$(x-2)(x-3)(x-6) = 0$

As raízes dessa equação são x = 2, x = 3 e x = 6.

A.20 — *Cálculo de um determinante de ordem maior do que 3* — O cálculo de um determinante de ordem n > 3, por envolver um número excessivamente elevado de operações, não é feito desenvolvendo-o por uma linha (ou coluna). Atualmente se calcula um determinante de ordem n > 3 por outro processo com o auxílio de um computador. Entretanto, aqui esse assunto não será visto, uma vez que, na *Introdução à Álgebra Linear*, os problemas abordados exigem só o cálculo de determinantes de ordem 2 e de ordem 3.

A.21 — *Problemas propostos*

Os problemas 1 a 8 se referem às matrizes:

$$A = \begin{bmatrix} 10 & 25 \\ 2 & 5 \end{bmatrix}, \quad B = \begin{bmatrix} 2 & -4 & 6 \\ 5 & -9 & 8 \\ 7 & -2 & 1 \end{bmatrix}, \quad C = \begin{bmatrix} 1 & -3 & 1 \\ -2 & -3 & -1 \\ -1 & 2 & -1 \end{bmatrix}$$

1) Calcular det A.

2) Calcular det B.

3) Calcular det C.

4) Verificar se det (B + C) = det B + det C.

5) Verificar se det (BC) = det (B) × det (C).

6) Se se trocar a primeira linha pela segunda na matriz, o que acontece com det B?

7) Se se multiplicar a segunda coluna de C por 2, o que acontece com det C?

8) Verificar se det B = det B^t.

Nos problemas 9 a 12, resolver as equações:

9) $\begin{vmatrix} 4 & 10 - x \\ 13 - x & 10 \end{vmatrix} = 0$

10) $\begin{vmatrix} 12 & 7 \\ x & x \end{vmatrix} = 15$

11) $\begin{vmatrix} 3 & 2 & x \\ 1 & -2 & x \\ 2 & -1 & x \end{vmatrix} = 8$

12) $\begin{vmatrix} x-2 & x+3 & x-1 \\ 2 & 1 & 3 \\ 3 & 2 & 1 \end{vmatrix} = 0$

A.21.1 — *Respostas dos problemas propostos*

1) det A = 0.

2) det B = 128.

3) det C = 1.

4) A igualdade não se verifica.

5) A igualdade se verifica.

6) det B fica multiplicado por -1.

7) det C fica multiplicado por 2.

8) A igualdade se verifica.

9) x = 18 e x = 5.

10) x = 3.

11) x = 4.

12) x = 10.

INVERSÃO DE MATRIZES

A.22 — *Matriz inversa de uma matriz* — Dada uma matriz quadrada A, de ordem n, se existir uma matriz quadrada B, de mesma ordem, que satisfaça à condição

$$AB = BA = I,$$

diz-se que B é inversa de A e se representa por A^{-1}:

$$AA^{-1} = A^{-1}A = I$$

Quando uma matriz quadrada A tem inversa, diz-se que A é *inversível*. Exemplo: Dadas as matrizes

$$A = \begin{bmatrix} 8 & 5 \\ 3 & 2 \end{bmatrix} \quad e \quad B = \begin{bmatrix} 2 & -5 \\ -3 & 8 \end{bmatrix},$$

A é inversa de B (ou B é inversa de A). De fato:

$$\begin{bmatrix} 8 & 5 \\ 3 & 2 \end{bmatrix} \begin{bmatrix} 2 & -5 \\ -3 & 8 \end{bmatrix} = \begin{bmatrix} 2 & -5 \\ -3 & 8 \end{bmatrix} \begin{bmatrix} 8 & 5 \\ 3 & 2 \end{bmatrix} = \begin{bmatrix} 1 & 0 \\ 0 & 1 \end{bmatrix}$$

A.23 — *Matriz singular* é a matriz quadrada que tem determinante nulo. Exemplo: A matriz

$$A = \begin{bmatrix} 5 & 10 \\ 2 & 4 \end{bmatrix}$$

é *singular* porque det A = 0. A matriz singular não tem inversa.

A.24 — *Matriz não-singular* é a matriz quadrada cujo determinante é diferente de zero.

As matrizes A e B de A.22 são *não singulares* porque det A ≠ 0 e det B ≠ 0. A matriz não-singular sempre tem inversa.

A.25 — *Propriedades da matriz inversa*

I) $(A + B)^{-1} = A^{-1} + B^{-1}$

II) $(\kappa A)^{-1} = \dfrac{1}{\kappa} A^{-1}, \kappa \in \mathbb{R}$ e $\kappa \neq 0$

III) $(A^{-1})^{-1} = A$

IV) $I^{-1} = I$

V) $(AB)^{-1} = B^{-1}A^{-1}$ (ver problemas 6 e 7, itens A.31 e A.31.1)

A.26 — *Operações elementares de uma matriz* são as seguintes:

I) Permutação de duas linhas (colunas).

II) Multiplicação de todos os elementos de uma linha (coluna) por um número real diferente de zero.

III) Substituição dos elementos de uma linha (coluna) pela soma deles com os elementos correspondentes de outra linha (coluna) previamente multiplicados por um número real diferente de zero.

A.27 — *Equivalência de matrizes* — Dada uma matriz A, diz-se que uma matriz B, de mesma ordem, é equivalente à matriz A, se for possível transformar A em B por meio de uma sucessão finita de operações elementares. Se B for equivalente a A, representa-se por B ~ A.

a) Quando se desejar permutar, por exemplo, a segunda linha pela terceira de uma dada matriz A, escrever-se-á assim:

$$A = \begin{bmatrix} 1 & 3 & 5 \\ 0 & 0 & 2 \\ 0 & 4 & 12 \end{bmatrix} \to L_{23}: \quad A_1 = \begin{bmatrix} 1 & 3 & 5 \\ 0 & 4 & 12 \\ 0 & 0 & 2 \end{bmatrix}$$

b) Quando se desejar multiplicar todos os elementos da segunda linha, por exemplo, da matriz A_1 por $\dfrac{1}{4}$, escrever-se-á assim:

$$A_1 = \begin{bmatrix} 1 & 3 & 5 \\ 0 & 4 & 12 \\ 0 & 0 & 2 \end{bmatrix} \to \frac{1}{4}L_2: \quad A_2 = \begin{bmatrix} 1 & 3 & 5 \\ 0 & 1 & 3 \\ 0 & 0 & 2 \end{bmatrix}$$

c) Quando se desejar substituir os elementos da primeira linha, por exemplo, da matriz A_2, pela soma deles com os elementos correspondentes da segunda linha previamente multiplicados por -3, escrever-se-á assim:

$$A_2 = \begin{bmatrix} 1 & 3 & 5 \\ 0 & 1 & 3 \\ 0 & 0 & 2 \end{bmatrix} \to L_1 - 3L_2: \quad A_3 = \begin{bmatrix} 1 & 0 & -4 \\ 0 & 1 & 3 \\ 0 & 0 & 2 \end{bmatrix}$$

Examinando as operações elementares que foram efetuadas com a matriz A até obter a matriz equivalente A_3, verifica-se que:

I) A operação L_{23} foi realizada para tirar um zero da diagonal principal e poder colocar em seu lugar, após outra operação, o número 1.

II) A operação $\frac{1}{4} L_2$ foi efetuada para, em lugar do número 4 da diagonal principal, se obter o número 1.

III) A operação $L_1 - 3L_2$ foi efetuada para, em lugar do número 3, situado acima do número 1 da diagonal principal, se obter um zero.

A.28 — *Transformação de uma matriz na matriz unidade* — Qualquer matriz quadrada A, de ordem n, com det A ≠ 0, pode ser transformada na matriz equivalente I, de mesma ordem, por meio de uma sucessão finita de operações elementares, isto é, I ~ A. Exemplo: Transformar a matriz quadrada A na matriz equivalente I.

$$A = \begin{bmatrix} 2 & 1 & 3 \\ 4 & 2 & 2 \\ 2 & 5 & 3 \end{bmatrix} \to \frac{1}{2}L_1: \quad A_1 = \begin{bmatrix} 1 & \frac{1}{2} & \frac{3}{2} \\ 4 & 2 & 2 \\ 2 & 5 & 3 \end{bmatrix} \begin{matrix} \to L_2 - 4L_1: \\ \to L_3 - 2L_1: \end{matrix}$$

$$A_2 = \begin{bmatrix} 1 & \frac{1}{2} & \frac{3}{2} \\ 0 & 0 & -4 \\ 0 & 4 & 0 \end{bmatrix} \to L_{23}: \qquad A_3 = \begin{bmatrix} 1 & \frac{1}{2} & \frac{3}{2} \\ 0 & 4 & 0 \\ 0 & 0 & -4 \end{bmatrix} \to \frac{1}{4}L_2:$$

$$A_4 = \begin{bmatrix} 1 & \frac{1}{2} & \frac{3}{2} \\ 0 & 1 & 0 \\ 0 & 0 & -4 \end{bmatrix} \to L_1 - \frac{1}{2}L_2: \qquad A_5 = \begin{bmatrix} 1 & 0 & \frac{3}{2} \\ 0 & 1 & 0 \\ 0 & 0 & -4 \end{bmatrix} \to -\frac{1}{4}L_3:$$

$$A_6 = \begin{bmatrix} 1 & 0 & \frac{3}{2} \\ 0 & 1 & 0 \\ 0 & 0 & 1 \end{bmatrix} \to L_1 - \frac{3}{2}L_3: \qquad A_7 = \begin{bmatrix} 1 & 0 & 0 \\ 0 & 1 & 0 \\ 0 & 0 & 1 \end{bmatrix}$$

Como se vê, a matriz A, por meio de uma sucessão finita de operações elementares, foi transformada na matriz equivalente I.

A.29 — *Inversão de uma matriz por meio de operações elementares* — A mesma sucessão finita de operações elementares que transformam a matriz quadrada A na matriz unidade I, transforma uma matriz I, de mesma ordem, na matriz A^{-1}, inversa de A. Para determinar, pois, a matriz inversa de A:

a) coloca-se ao lado da matriz A uma matriz I, separada por um traço vertical;

b) transforma-se, por meio de operações elementares, a matriz A numa matriz I, aplicando-se, simultaneamente, à matriz I, colocada ao lado de A, as mesmas operações elementares. Exemplo: Determinar a matriz inversa da matriz:

$$A = \begin{bmatrix} 1 & -3 & 1 \\ -2 & 3 & -1 \\ -1 & 2 & -1 \end{bmatrix}$$

Solução

$$\begin{bmatrix} 1 & -3 & 1 & | & 1 & 0 & 0 \\ -2 & 3 & -1 & | & 0 & 1 & 0 \\ -1 & 2 & -1 & | & 0 & 0 & 1 \end{bmatrix} \begin{matrix} \\ \to L_2 + 2L_1: \\ \to L_3 + 1L_1: \end{matrix}$$

$$\begin{bmatrix} 1 & -3 & 1 & | & 1 & 0 & 0 \\ 0 & -3 & 1 & | & 2 & 1 & 0 \\ 0 & -1 & 0 & | & 1 & 0 & 1 \end{bmatrix} \to -\frac{1}{3}L_2:$$

$$\begin{bmatrix} 1 & -3 & 1 & | & 1 & 0 & 0 \\ 0 & 1 & -\frac{1}{3} & | & -\frac{2}{3} & -\frac{1}{3} & 0 \\ 0 & -1 & 0 & | & 1 & 0 & 1 \end{bmatrix} \begin{matrix} \to L_1 + 3L_2: \\ \\ \to L_3 + 1L_2: \end{matrix}$$

$$\begin{bmatrix} 1 & 0 & 0 & | & -1 & -1 & 0 \\ 0 & 1 & -\frac{1}{3} & | & -\frac{2}{3} & -\frac{1}{3} & 0 \\ 0 & 0 & -\frac{1}{3} & | & \frac{1}{3} & -\frac{1}{3} & 1 \end{bmatrix} \to -3L_3:$$

$$\begin{bmatrix} 1 & 0 & 0 & | & -1 & -1 & 0 \\ 0 & 1 & -\frac{1}{3} & | & -\frac{2}{3} & -\frac{1}{3} & 0 \\ 0 & 0 & 1 & | & -1 & 1 & -3 \end{bmatrix} \to L_2 + \frac{1}{3}L_3:$$

$$\begin{bmatrix} 1 & 0 & 0 & | & -1 & -1 & 0 \\ 0 & 1 & 0 & | & -1 & 0 & -1 \\ 0 & 0 & 1 & | & -1 & 1 & -3 \end{bmatrix}$$

Uma vez que a matriz A foi transformada na matriz I, a matriz

$$B = \begin{bmatrix} -1 & -1 & 0 \\ -1 & 0 & -1 \\ -1 & 1 & -3 \end{bmatrix}$$

é a matriz A^{-1}, inversa de A.

O leitor pode fazer a verificação efetuando o produto AB, cujo resultado deve ser I.

A.29.1 — *Inversão de uma matriz de ordem 2* — Determinar a inversa da matriz:

$$A = \begin{bmatrix} a & b \\ c & d \end{bmatrix}$$

Solução

$$\left[\begin{array}{cc|cc} a & b & 1 & 0 \\ c & d & 0 & 1 \end{array}\right] \to \frac{1}{a}L_1: \quad \left[\begin{array}{cc|cc} 1 & \frac{b}{a} & \frac{1}{a} & 0 \\ c & d & 0 & 1 \end{array}\right] \to L_2 - cL_1$$

$$\left[\begin{array}{cc|cc} 1 & \frac{b}{a} & \frac{1}{a} & 0 \\ 0 & d - \frac{bc}{a} & -\frac{c}{a} & 1 \end{array}\right]$$

$$d - \frac{bc}{a} = \frac{ad - bc}{a} \tag{1}$$

mas

$$\det A = \begin{vmatrix} a & b \\ c & d \end{vmatrix} = ad - bc$$

Fazendo:

$$ad - bc = n \tag{2}$$

e substituindo (2) em (1), vem:

$$d - \frac{bc}{a} = \frac{n}{a}, \text{ então:}$$

$$\begin{bmatrix} 1 & \dfrac{b}{a} & \dfrac{1}{a} & 0 \\ 0 & \dfrac{n}{a} & -\dfrac{c}{a} & 1 \end{bmatrix} \to \dfrac{a}{n}L_2:$$

$$\begin{bmatrix} 1 & \dfrac{b}{a} & \dfrac{1}{a} & 0 \\ 0 & 1 & -\dfrac{c}{n} & \dfrac{a}{n} \end{bmatrix} \to L_1 - \dfrac{b}{a}L_2:$$

$$\begin{bmatrix} 1 & 0 & \dfrac{1}{a}+\dfrac{bc}{an} & -\dfrac{b}{n} \\ 0 & 1 & -\dfrac{c}{n} & \dfrac{a}{n} \end{bmatrix}$$

$$\dfrac{1}{a} + \dfrac{bc}{an} = \dfrac{n+bc}{an} = \dfrac{ad-bc+bc}{an} = \dfrac{ad}{an} = \dfrac{d}{n}, \text{ então:}$$

$$\begin{bmatrix} 1 & 0 & \dfrac{d}{n} & -\dfrac{b}{n} \\ 0 & 1 & -\dfrac{c}{n} & \dfrac{a}{n} \end{bmatrix}$$

Uma vez que a matriz A foi transformada na matriz I, a matriz

$$B = \begin{bmatrix} \dfrac{d}{n} & -\dfrac{b}{n} \\ -\dfrac{c}{n} & \dfrac{a}{n} \end{bmatrix}$$

é a matriz A^{-1}, inversa de A.

A.29.1.1 — *Regra prática* — Examinando o resultado do item anterior, verifica-se que se pode obter a matriz A^{-1}, inversa da matriz A de ordem 2, *permutando os dois elementos da diagonal principal, trocando os sinais dos dois elementos da diagonal secundária e dividindo os quatro elementos de A por* $\det A = n$.

A.29.1.2 — *Problemas resolvidos* — Nos problemas 1 a 3, determinar a matriz inversa de cada uma das matrizes M, N e B, respectivamente, sendo:

$$M = \begin{bmatrix} 7 & 6 \\ 3 & 4 \end{bmatrix}, \quad N = \begin{bmatrix} 8 & 5 \\ 3 & 2 \end{bmatrix} \quad e \quad B = \begin{bmatrix} \cos\theta & -\sen\theta \\ \sen\theta & \cos\theta \end{bmatrix}$$

Soluções

1) $\det M = \begin{vmatrix} 7 & 6 \\ 3 & 4 \end{vmatrix} = 28 - 18 = 10 \quad e \quad M^{-1} = \begin{bmatrix} \dfrac{4}{10} & -\dfrac{6}{10} \\ -\dfrac{3}{10} & \dfrac{7}{10} \end{bmatrix}$

2) $\det N = \begin{vmatrix} 8 & 5 \\ 3 & 2 \end{vmatrix} = 16 - 15 = 1 \quad e \quad N^{-1} = \begin{bmatrix} 2 & -5 \\ -3 & 8 \end{bmatrix}$

3) $\det B = \begin{vmatrix} \cos\theta & -\sen\theta \\ \sen\theta & \cos\theta \end{vmatrix} = \cos^2\theta + \sen^2\theta = 1 \quad e$

$$B^{-1} = \begin{bmatrix} \cos\theta & \sen\theta \\ -\sen\theta & \cos\theta \end{bmatrix}$$

A.30 — *Matriz ortogonal* é a matriz quadrada A cuja transposta A^t coincide com a inversa A^{-1}. A matriz B do problema 3, item A.29.1.2 é ortogonal. De fato:

$$B = \begin{bmatrix} \cos\theta & -\sen\theta \\ \sen\theta & \cos\theta \end{bmatrix} \quad e \quad B^t = \begin{bmatrix} \cos\theta & \sen\theta \\ -\sen\theta & \cos\theta \end{bmatrix} = B^{-1}$$

A.31 — *Problemas propostos* — Nos problemas 1 a 5, determinar a matriz inversa de cada uma das matrizes dadas.

1) $A = \begin{bmatrix} 2 & 7 \\ 3 & 11 \end{bmatrix}$

2) $B = \begin{bmatrix} 9 & 7 \\ 5 & 4 \end{bmatrix}$

3) $C = \begin{bmatrix} -4 & -2 \\ -6 & -8 \end{bmatrix}$

4) $E = \begin{bmatrix} -3 & 4 & -5 \\ 0 & 1 & 2 \\ 3 & -5 & 4 \end{bmatrix}$

5) $F = \begin{bmatrix} -1 & -2 & -3 \\ -2 & -4 & -5 \\ -3 & -5 & -6 \end{bmatrix}$

Dadas as matrizes A e C dos problemas 1 e 3:

6) Calcular $(AC)^{-1}$

7) Verificar a igualdade $(AC)^{-1} = C^{-1}A^{-1}$

A.31.1 — *Respostas ou roteiros para os problemas propostos*

1 a 3) Os problemas são resolvidos de modo análogo aos do item A.29.1.2.

4) $E^{-1} = \begin{bmatrix} -\dfrac{14}{3} & -\dfrac{9}{3} & -\dfrac{13}{3} \\ -2 & -1 & -2 \\ 1 & 1 & 1 \end{bmatrix}$

5) $F^{-1} = \begin{bmatrix} -1 & 3 & -2 \\ 3 & -3 & 1 \\ -2 & 1 & 0 \end{bmatrix}$

6) Roteiro:

    1º) calcular AC;

    2º) calcular $(AC)^{-1}$.

7) Roteiro:

    1º) calcular $C^{-1} = G$;

    2º) calcular $A^{-1} = H$;

    3º) calcular GH;

    4º) comparar GH com $(AC)^{-1}$ calculado no problema 6.

SISTEMAS DE EQUAÇÕES LINEARES

A.32 — *Equação linear* é uma equação da forma

$$a_1 x_1 + a_2 x_2 + ... + a_n x_n = b$$

na qual $x_1, x_2, ..., x_n$ são as variáveis; $a_1, a_2, ..., a_n$ são os respectivos coeficientes das variáveis e b é o termo independente.

    • Os valores das variáveis que transformam uma equação linear em identidade, isto é, que satisfazem a equação, constituem sua solução. Esses valores são as *raízes* da equação linear. Exemplo: A equação

$$2x + y = 10$$

admite, entre outras, as raízes $x = 3$ e $y = 4$, pois $2(3) + 4 = 10$.

A.33 — *Sistema de equações lineares* é um conjunto de equações lineares:

$$\begin{cases} a_{11}x_1 + a_{12}x_2 + \ldots + a_{1n}x_n = b_1 \\ a_{21}x_1 + a_{22}x_2 + \ldots + a_{2n}x_n = b_2 \\ \vdots \quad\quad \vdots \quad\quad\quad\quad \vdots \quad\quad \vdots \\ a_{m1}x_1 + a_{m2}x_2 + \ldots + a_{mn}x_n = b_m \end{cases}$$

• Os valores das variáveis que transformam simultaneamente as equações de um sistema linear em identidade, isto é, que satisfazem a todas as equações do sistema, constituem sua solução. Esses valores são as raízes do sistema de equações lineares.

A.34 — *Sistema compatível* é o sistema de equações lineares que admite solução, isto é, que tem raízes.

• Um sistema compatível é *determinado* quando admite uma única solução. Exemplo: O sistema

$$\begin{cases} 2x + 3y = 18 \\ 3x + 4y = 25 \end{cases}$$

é compatível e determinado, pois tem como raízes unicamente $x = 3$ e $y = 4$.

• Um sistema compatível é *indeterminado* quando admite mais de uma solução (neste texto, admite infinitas soluções). Exemplo: O sistema

$$\begin{cases} 4x + 2y = 100 \\ 8x + 4y = 200 \end{cases}$$

é compatível e indeterminado, pois admite infinitas soluções:

y	0	2	4	6	8	10	12	14	16	18	...
x	25	24	23	22	21	20	19	18	17	16	...

A.35 — *Sistema incompatível* é o sistema de equações lineares que não admite solução. Exemplo: O sistema

$$\begin{cases} 3x + 9y = 12 \\ 3x + 9y = 15 \end{cases}$$

é incompatível, pois $3x + 9y$ não pode ser simultaneamente igual a 12 e igual a 15 para mesmos valores de x e y.

A.36 — *Sistema linear homogêneo* é o sistema de equações lineares cujos termos independentes são todos nulos. Exemplo: É homogêneo o sistema:

$$\begin{cases} 3x_1 + 6x_2 = 0 \\ 12x_1 + 24x_2 = 0 \end{cases}$$

• Todo sistema linear homogêneo tem, pelo menos, uma solução, denominada *solução trivial*: $x_i = 0$ (no caso, i = 1,2), isto é, $x_1 = x_2 = 0$. Além da solução trivial, o sistema homogêneo pode ter, não necessariamente, outras soluções denominadas *soluções próprias*. No exemplo dado, as soluções próprias são $x_1 = -2x_2$.

A.37 — *Sistemas equivalentes* são sistemas de equações lineares que admitem a mesma solução. Exemplo: Os sistemas

$$\begin{cases} 3x + 6y = 42 \\ 2x - 4y = 12 \end{cases} \quad \text{e} \quad \begin{cases} x + 2y = 14 \\ x - 2y = 6 \end{cases}$$

são equivalentes porque admitem a mesma solução: $x = 10$ e $y = 2$.

A.38 — *Operações elementares e sistemas equivalentes* — Um sistema de equações lineares se transforma num sistema equivalente quando se efetuam operações elementares sobre suas equações:

I) Permutação de duas equações.

II) Multiplicação de uma equação por um número real diferente de zero.

III) Substituição de uma equação por sua soma com outra equação previamente multiplicada por um número real diferente de zero.

A.39 — *Matriz ampliada de um sistema de equações lineares* — Dado, por exemplo, um sistema de equações lineares

$$\begin{cases} 2x_1 + 4x_2 = 16 \\ 5x_1 - 2x_2 = 4 \\ 10x_1 - 4x_2 = 3, \end{cases}$$

esse sistema, omitindo as variáveis e o sinal =, pode ser representado assim:

$$\begin{bmatrix} 2 & 4 & | & 16 \\ 5 & -2 & | & 4 \\ 10 & -4 & | & 3 \end{bmatrix}$$

Essa matriz, associada ao sistema dado, é chamada *matriz ampliada do sistema*. Cada linha dessa matriz é uma representação abreviada da equação correspondente no sistema. O traço vertical é dispensável, mas é colocado para facilitar a visualização da matriz dos coeficientes das variáveis e da matriz-coluna dos termos independentes.

A.40 — *Solução de um sistema de equações lineares* — Para resolver um sistema de equações, representado pela matriz ampliada, transforma-se, enquanto for possível, no número 1, por meio de operações elementares adequadas cada elemento a_{ij}, no qual i = j, e em zeros os demais elementos das colunas em que se situam esses a_{ij}. Ao fim dessas operações se obterá a solução do sistema. As operações elementares aplicadas a um sistema de equações lineares serão indicadas do mesmo modo que na inversão de matrizes.

A.40.1 — *Problemas Resolvidos*

1) Resolver o sistema do item A.39.

Solução

$$\begin{bmatrix} 2 & 4 & | & 16 \\ 5 & -2 & | & 4 \\ 10 & -4 & | & 3 \end{bmatrix} \rightarrow \tfrac{1}{2}L_1: \begin{bmatrix} 1 & 2 & | & 8 \\ 5 & -2 & | & 4 \\ 10 & -4 & | & 3 \end{bmatrix} \begin{array}{l} \rightarrow L_2 - 5L_1: \\ \rightarrow L_3 - 10L_1: \end{array}$$

$$\begin{bmatrix} 1 & 2 & | & 8 \\ 0 & -12 & | & -36 \\ 0 & -24 & | & -77 \end{bmatrix} \rightarrow -\frac{1}{12}L_2: \begin{bmatrix} 1 & 2 & | & 8 \\ 0 & 1 & | & 3 \\ 0 & -24 & | & -77 \end{bmatrix} \begin{array}{l} \rightarrow L_1 - 2L_2: \\ \\ \rightarrow L_3 + 24L_2: \end{array}$$

$\begin{bmatrix} 1 & 0 & | & 2 \\ 0 & 1 & | & 3 \\ 0 & 0 & | & -5 \end{bmatrix}$ Esta matriz corresponde ao sistema: $\begin{cases} 1x_1 + 0x_2 = 2 \\ 0x_1 + 1x_2 = 3 \\ 0x_1 + 0x_2 = -5, \end{cases}$

que é equivalente ao sistema dado. Ora, como não existem valores que satisfaçam a 3ª equação ($0x_1 + 0x_2 = -5$), o sistema é incompatível.

• O método exposto é o da redução da matriz ampliada do sistema à *matriz em forma de escada*.

2) Resolver o sistema homogêneo:

$$\begin{cases} 3x_1 + 6x_2 - 9x_3 = 0 \\ 2x_1 + 4x_2 - 6x_3 = 0 \end{cases}$$

Solução trivial: $x_1 = x_2 = x_3 = 0$

Soluções próprias

$\begin{bmatrix} 3 & 6 & -9 & | & 0 \\ 2 & 4 & -6 & | & 0 \end{bmatrix} \rightarrow \frac{1}{3}L_1: \begin{bmatrix} 1 & 2 & -3 & | & 0 \\ 2 & 4 & -6 & | & 0 \end{bmatrix} \rightarrow L_2 - 2L_1:$

$\begin{bmatrix} 1 & 2 & -3 & | & 0 \\ 0 & 0 & 0 & | & 0 \end{bmatrix}$ Esta matriz corresponde ao sistema: $\begin{cases} 1x_1 + 2x_2 - 3x_3 = 0 \\ 0x_1 + 0x_2 + 0x_3 = 0, \end{cases}$

que é equivalente ao sistema dado. A 2ª equação não estabelece nenhuma condição para x_1, x_2 e x_3. Portanto, a solução será dada pela 1ª equação: $x_1 = -2x_2 + 3x_3$. Os valores de x_1 se obtêm atribuindo valores arbitrários a x_2 e x_3.

3) Estabelecer a condição que deve ser satisfeita pelos termos independentes a, b e c para que seja compatível o sistema:

$$\begin{cases} x + 2y - z = a \\ y + 2z = b \\ x + 3y + z = c \end{cases}$$

Solução

$$\begin{bmatrix} 1 & 2 & -1 & | & a \\ 0 & 1 & 2 & | & b \\ 1 & 3 & 1 & | & c \end{bmatrix} \to L_3 - 1L_1: \begin{bmatrix} 1 & 2 & -1 & | & a \\ 0 & 1 & 2 & | & b \\ 0 & 1 & 2 & | & c-a \end{bmatrix} \to L_3 - 1L_2:$$

$$\begin{bmatrix} 1 & 2 & -1 & | & a \\ 0 & 1 & 2 & | & b \\ 0 & 0 & 0 & | & c-a-b \end{bmatrix}$$ Esta matriz corresponde ao sistema: $\begin{cases} 1x + 2y - z = a \\ 0x + 1y + 2z = b \\ 0x + 0y + 0z = c - a - b \end{cases}$

Se $c - a - b$ fosse um número n diferente de zero, o sistema seria incompatível porque a última equação $0x + 0y + 0z = n \neq 0$ não é satisfeita para nenhum valor de x, y e z. Logo, para que o sistema dado seja compatível é necessário que:

$$c - a - b = 0$$

ou

$$a + b - c = 0$$

4) Resolver o sistema:

$$\begin{cases} 1x_1 - 3x_2 + 1x_3 = 3 \\ -2x_1 + 3x_2 - 1x_3 = -8 \\ -1x_1 + 2x_2 - 1x_3 = -5 \end{cases}$$

Solução

$$\begin{bmatrix} 1 & -3 & 1 & | & 3 \\ -2 & 3 & -1 & | & -8 \\ -1 & 2 & -1 & | & -5 \end{bmatrix} \begin{array}{l} \to L_2 + 2L_1: \\ \to L_3 + 1L_1: \end{array} \begin{bmatrix} 1 & -3 & 1 & | & 3 \\ 0 & -3 & 1 & | & -2 \\ 0 & -1 & 0 & | & -2 \end{bmatrix} \to -\frac{1}{3}L_2:$$

$$\begin{bmatrix} 1 & -3 & 1 & | & 3 \\ 0 & 1 & -\frac{1}{3} & | & \frac{2}{3} \\ 0 & -1 & 0 & | & -2 \end{bmatrix} \begin{array}{l} \to L_1 + 3L_2: \\ \to L_3 + 1L_2: \end{array} \begin{bmatrix} 1 & 0 & 0 & | & 5 \\ 0 & 1 & -\frac{1}{3} & | & \frac{2}{3} \\ 0 & 0 & -\frac{1}{3} & | & -\frac{4}{3} \end{bmatrix} \to -3L_3:$$

$$\begin{bmatrix} 1 & 0 & 0 & | & 5 \\ 0 & 1 & -\frac{1}{3} & | & \frac{2}{3} \\ 0 & 0 & 1 & | & 4 \end{bmatrix} \to L_2 + \frac{1}{3}L_3: \begin{bmatrix} 1 & 0 & 0 & | & 5 \\ 0 & 1 & 0 & | & 2 \\ 0 & 0 & 1 & | & 4 \end{bmatrix}$$

A última matriz ampliada corresponde ao sistema:

$$\begin{cases} 1x_1 + 0x_2 + 0x_3 = 5 \\ 0x_1 + 1x_2 + 0x_3 = 2 \\ 0x_1 + 0x_2 + 1x_3 = 4, \end{cases}$$

equivalente ao sistema dado, cujas raízes são $x_1 = 5$, $x_2 = 2$ e $x_3 = 4$.

Quando, como no caso presente, a matriz quadrada dos coeficientes das variáveis, contida na matriz ampliada do sistema, é transformada na matriz unidade, o método de solução do sistema é denominado de método de *Gauss-Jordan*.

A.40.2 — *Caso particular de solução de sistemas de equações lineares* — O problema 4 de A.40.1 é um caso particular: é o caso em que o número de equações (3) é igual ao número de variáveis (3) e a matriz dos coeficientes da variáveis, podendo ser transformada na equivalente matriz unidade, tem inversa. Esse fato está sendo mencionado para assinalar que o método de redução da matriz ampliada à matriz em forma de escada serve para resolver qualquer sistema de m equações lineares com n variáveis, homogêneo ou não, com m ≠ n ou m = n. Entretanto, quando m = n e o determinante da matriz dos coeficientes for diferente de zero (caso particular), o sistema pode ser resolvido, além de pelo já citado método de Gauss-Jordan, de outras maneiras. A seguir, serão vistas duas dessas maneiras.

A.40.2.1 — *Método da matriz inversa* — Seja o sistema:

$$\begin{cases} a_{11}x_1 + a_{12}x_2 + \ldots + a_{1n}x_n = b_1 \\ a_{21}x_1 + a_{22}x_2 + \ldots + a_{2n}x_n = b_2 \\ \vdots \qquad \vdots \qquad \vdots \qquad \vdots \\ a_{n1}x_1 + a_{n2}x_2 + \ldots + a_{nn}x_n = b_n \end{cases}$$

Fazendo:

$$A = \begin{bmatrix} a_{11} & a_{12} & \ldots & a_{1n} \\ a_{21} & a_{22} & \ldots & a_{2n} \\ \vdots & \vdots & & \vdots \\ a_{n1} & a_{n2} & \ldots & a_{nn} \end{bmatrix}, \quad X = \begin{bmatrix} x_1 \\ x_2 \\ \vdots \\ x_n \end{bmatrix} \quad \text{e } B = \begin{bmatrix} b_1 \\ b_2 \\ \vdots \\ b_n \end{bmatrix}$$

o sistema pode ser escrito sob a forma matricial

$$\begin{bmatrix} a_{11} & a_{12} & \ldots & a_{1n} \\ a_{21} & a_{22} & \ldots & a_{2n} \\ \vdots & \vdots & & \vdots \\ a_{n1} & a_{n2} & \ldots & a_{nn} \end{bmatrix} \begin{bmatrix} x_1 \\ x_2 \\ \vdots \\ x_n \end{bmatrix} = \begin{bmatrix} b_1 \\ b_2 \\ \vdots \\ b_n \end{bmatrix}$$

ou, utilizando a forma abreviada:

$$AX = B$$

Pre-multiplicando ambos os membros por A^{-1} (a matriz A tem inversa, pois det A ≠ 0), vem:

$A^{-1} AX = A^{-1}B$

$IX = A^{-1}B$

$X = A^{-1}B$

A solução do sistema se obtém, portanto, multiplicando a matriz A^{-1}, inversa da matriz A dos coeficientes das variáveis, pela matriz-coluna B dos termos independentes. Exemplo:

Resolver o sistema

$$\begin{cases} 1x_1 - 3x_2 + 1x_3 = 3 \\ -2x_1 + 3x_2 - 1x_3 = -8 \\ -1x_1 + 2x_2 - 1x_3 = -5 \end{cases}$$

Solução: Fazendo

$$A = \begin{bmatrix} 1 & -3 & 1 \\ -2 & 3 & -1 \\ -1 & 2 & -1 \end{bmatrix}, \quad X = \begin{bmatrix} x_1 \\ x_2 \\ x_3 \end{bmatrix} \quad e \quad B = \begin{bmatrix} 3 \\ -8 \\ -5 \end{bmatrix},$$

o sistema se transforma em AX = B e a solução é dada por

$X = A^{-1}B,$

mas, como se viu no exemplo de A.29:

$$A^{-1} = \begin{bmatrix} -1 & -1 & 0 \\ -1 & 0 & -1 \\ -1 & 1 & -3 \end{bmatrix}$$

logo:

$$X = \begin{bmatrix} -1 & -1 & 0 \\ -1 & 0 & -1 \\ -1 & 1 & -3 \end{bmatrix} \begin{bmatrix} 3 \\ -8 \\ -5 \end{bmatrix} = \begin{bmatrix} 5 \\ 2 \\ 4 \end{bmatrix} = \begin{bmatrix} x_1 \\ x_2 \\ x_3 \end{bmatrix},$$

isto é, $x_1 = 5$, $x_2 = 2$ e $x_3 = 4$

A.40.2.2 — *Regra de Cramer* — A regra de Cramer é utilizada, em geral, só para resolver sistema de 2 equações com 2 variáveis ou de 3 equações com 3 variáveis. A regra, que não será demonstrada, mas verificada com um exemplo, consiste no seguinte:

1) calcula-se o determinante D da matriz dos coeficientes das variáveis;

2) calcula-se o determinante D_i da matriz que se obtém substituindo, na matriz dos coeficientes das variáveis, a coluna dos coeficientes da variável x_i pela coluna dos termos independentes;

3) calcula-se x_i pela fórmula:

$$x_i = \frac{D_i}{D}$$

No caso de um sistema de 2 equações lineares com 2 variáveis, i varia de 1 a 2; se se tratar de um sistema de 3 equações com 3 variáveis, i varia de 1 a 3.

Exemplo — Resolver o sistema:

$$\begin{cases} 3x_1 + 2x_2 - 5x_3 = 8 \\ 2x_1 - 4x_2 - 2x_3 = -4 \\ 1x_1 - 2x_2 - 3x_3 = -4 \end{cases}$$

Solução — (O cálculo dos determinantes fica a cargo do leitor.)

$$D = \begin{vmatrix} 3 & 2 & -5 \\ 2 & -4 & -2 \\ 1 & -2 & -3 \end{vmatrix} = 32 \qquad D_1 = \begin{vmatrix} 8 & 2 & -5 \\ -4 & -4 & -2 \\ -4 & -2 & -3 \end{vmatrix} = 96$$

$$D_2 = \begin{vmatrix} 3 & 8 & -5 \\ 2 & -4 & -2 \\ 1 & -4 & -3 \end{vmatrix} = 64 \qquad D_3 = \begin{vmatrix} 3 & 2 & 8 \\ 2 & -4 & -4 \\ 1 & -2 & -4 \end{vmatrix} = 32$$

$$x_1 = \frac{D_1}{D} = \frac{96}{32} = 3$$

$$x_2 = \frac{D_2}{D} = \frac{64}{32} = 2$$

$$x_3 = \frac{D_3}{D} = \frac{32}{32} = 1$$

A.41 — *Problemas Propostos* — Resolver os sistemas

1) $\begin{cases} 2x + 4y + 6z = -6 \\ 3x - 2y - 4z = -38 \\ 1x + 2y + 3z = -3 \end{cases}$

2) $\begin{cases} 4x - y - 3z = 15 \\ 3x - 2y + 5z = -7 \\ 2x + 3y + 4z = 7 \end{cases}$

3) $\begin{cases} 1x + 2y + 3z = 10 \\ 3x + 4y + 6z = 23 \\ 3x + 2y + 3z = 10 \end{cases}$

4) $\begin{cases} 1x + 4y + 6z = 0 \\ -1,5x - 6y - 9z = 0 \end{cases}$

5) $\begin{cases} 2x_1 + 2x_2 + 4x_3 = 0 \\ 3x_1 + 5x_2 + 8x_3 = 0 \\ 5x_1 + 25x_2 + 20x_3 = 0 \end{cases}$

6) $\begin{cases} 2x - 5y - z = -8 \\ 3x - 2y - 4z = -11 \\ -5x + y + z = -9 \end{cases}$

7) $\begin{cases} x_1 \quad\quad\, + 3x_3 = -8 \\ 2x_1 - 4x_2 \quad\quad\, = -4 \\ 3x_1 - 2x_2 - 5x_3 = 26 \end{cases}$

8) $\begin{cases} x_1 - x_2 = 0 \\ 2x_2 + 4x_3 = 6 \\ x_1 + x_2 + 4x_3 = 6 \end{cases}$

9) $\begin{cases} x + 2y + 4z = 0 \\ 2x + 6y + 12z = 0 \\ 3x + 9y + 18z = 0 \end{cases}$

10) $\begin{cases} 3x + 5y = -1 \\ 4x + 9y = -6 \end{cases}$

• Convém resolver o problema 10 pelo método da matriz inversa (e esta se determina pela regra prática vista em A.29.1.1) ou pela regra de Cramer.

A.41.1 — *Respostas dos problemas propostos*

1) $x = \dfrac{-41 + z}{4}$ e $y = \dfrac{29 - 13z}{8}$

2) $x = 3$, $y = 3$ e $z = -2$

3) O sistema é incompatível.

4) Solução trivial: $x = y = z = 0$

   Soluções próprias: $x = -4y - 6z$

5) Só a solução trivial: $x = y = z = 0$

6) $x = 3$, $y = 2$ e $z = 4$

7) $x_1 = 4$, $x_2 = 3$ e $x_3 = -4$

8) $x_1 = x_2 = 3 - 2x_3$

9) Solução trivial: $x = y = z = 0$

   Soluções próprias: $x = 0$ e $y = -2z$

10) $x = 3$ e $y = -2$